全国高等医药类院校计算机课程体系规划教材

大学计算机应用基础实践教程

信伟华　胡玲静　主　编

胡贵祥　董建鑫　李　丹　韩文静　副主编

王　川　刘春华　张　鑫　参　编

U0310454

中国铁道出版社

CHINA RAILWAY PUBLISHING HOUSE

内 容 简 介

本书是主教材《大学计算机应用基础》（信伟华、夏翃主编，中国铁道出版社）的配套实践教程，其内容及进度安排与主教材严格对应。

全书共分为 8 章，共 22 个实验，内容涵盖计算机基础知识、Windows 7 操作系统、计算机网络基础、常用工具软件、文字处理软件 Word 2010、电子表格处理软件 Excel 2010、演示文稿制作软件 PowerPoint 2010、图形图像处理软件 Photoshop。书中所有实验均来源于一线教师多年教学经验，示例的选择具有代表性，内容由浅入深，安排合理。为了方便学生自学，附录中给出了各章自测题的参考答案。

本书适合作为高等院校计算机基础课程的实验教材，也可作为计算机初学者的自学参考书。

图书在版编目（CIP）数据

大学计算机应用基础实践教程/信伟华，胡玲静主编.—北京:中国铁道出版社，2015.8（2018.8 重印）
全国高等医药类院校计算机课程体系规划教材
ISBN 978-7-113-20488-4

Ⅰ．①大… Ⅱ．①信… ②胡… Ⅲ．①电子计算机—高等学校—教材 Ⅳ．①TP3

中国版本图书馆 CIP 数据核字（2015）第 189509 号

书　　名:	大学计算机应用基础实践教程	
作　　者:	信伟华　胡玲静　主编	
策划编辑:	周　欣	读者热线：（010）63550836
责任编辑:	周　欣	
编辑助理:	吴　楠	
封面设计:	付　巍	
封面制作:	白　雪	
责任校对:	汤淑梅	
责任印制:	郭向伟	

出版发行：中国铁道出版社（100054，北京市西城区右安门西街 8 号）
网　　址：http://www.tdpress.com/51eds/
印　　刷：北京虎彩文化传播有限公司
版　　次：2015 年 8 月第 1 版　　　　2018 年 8 月第 2 次印刷
开　　本：787mm×1 092mm　1/16　印张：9.75　字数：234 千
印　　数：2 501～3 000 册
书　　号：ISBN 978-7-113-20488-4
定　　价：21.00 元

前 言

FOREWORD

本书以强化读者的实践能力为指导，以注重实际应用为编写原则，是主教材《大学计算机应用基础》（信伟华、夏翙主编，中国铁道出版社）的配套实践教程，也可作为读者自主学习的实验指导书。通过对本书的学习，读者可以加深对计算机基础知识的理解，掌握计算机基本操作技能及常用软件的使用方法。

本书的编写力求做到语言通俗易懂，内容由浅入深、循序渐进，注重培养学生的操作技能。"教、学、做"的立体化教学模式是提高学习效果的有效途径，全书紧密配合主教材的内容，引导读者边学边做，使读者在短时间内掌握多方面的计算机基础知识。

全书分为 8 章，共 22 个实验，内容涵盖了计算机基础知识（2 个）、Windows 7 操作系统（3 个）、计算机网络基础（2 个）、常用工具软件（4 个）、文字处理软件 Word 2010（3 个）、电子表格处理软件 Excel 2010（3 个）、演示文稿制作软件 PowerPoint 2010（2 个）、图形图像处理软件 Photoshop（3 个）。每章后都包含对应章节的自测题，全书最后附有所有自测题的参考答案，读者通过完成自测题，能够检测学习效果，进一步巩固每章学习的知识点。

书中的每个实验都是一线教师们总结多年的教学经验，并结合信息技术的发展现状，凝练出的具有典型代表的实例。为尽量发挥读者的主观能动性，同时考虑不同知识层次的读者对知识需求的差异性，每个实验都通过"实验目的"使读者对实验内容有个总体把握。对于初学者可以按照实验内容与操作指导，根据提示的操作步骤完成实验内容；对于有一定计算机操作基础、需要提高的读者，可以自主完成实验内容，然后进一步完成提高练习的内容，实现分层次学习。

本书由信伟华、胡玲静任主编；胡贵祥、董建鑫、李丹、韩文静任副主编。王川、刘春华、张鑫参与了本书的编写。在编写的过程中得到了中国铁道出版社提供的全方位支持和帮助，使我们在编写的过程中少走了很多弯路。在此向所有关心、支持和帮助本书编写、出版的领导、老师和朋友们表示衷心的感谢。

由于时间仓促，加之编者水平有限，书中仍难免存在疏漏和不足之处，敬请广大读者和同行给予批评指正。

编者
2015 年 5 月
于首都医科大学燕京医学院

目　录

CONTENTS

第1章

计算机基础知识

导读

本章主要包含2个实验内容。通过实验1-1认识和了解计算机，能够初步达到自由操作计算机的目的。通过对实验1-2金山打字通软件的学习，达到熟悉键盘、学会中英文输入法的输入和切换的目的。通过这两个入门实验的学习，掌握计算机基本的操作方法，具备简单的文字输入能力。

实验 1-1　计算机的基本操作

实验目的

- 掌握 Windows 7 操作系统的启动与退出的方法。
- 掌握查看计算机状态信息的方法。
- 了解 Windows 7 操作系统的几种关机方法。
- 了解 Windows 7 操作系统的基本操作。

实验内容与操作指导

1. Windwos 7 的正常启动操作

具体操作步骤如下：

① 打开计算机电源开关，计算机执行硬件测试，测试正确后开始正常引导系统。如果计算机中有多个操作系统，或者有硬盘保护卡，屏幕上将出现系统选择菜单。选择合适的操作系统，例如 Windows 7，然后按【Enter】键，此时计算机开始启动。

② Windows 7 启动过程中，如果系统有多个用户，启动过程将出现如图 1-1 所示的用户选择画面。选择用户后，若无密码，则完成启动；若该用户设置了密码，则输入密码后完成启动。

图 1-1　Windows 7 选择登录用户

③ 启动完成后，出现 Windows 7 系统桌面，如图 1-2 所示。

图 1-2　Windows 7 桌面

2．注销当前用户，以其他用户登录

具体操作步骤如下：

① 单击 Windows 7 左下角"开始"按钮，弹出"开始"
菜单。

② 单击"关机"按钮右边三角形按钮，在弹出的子菜单
中选择"注销"命令，如图 1-3 所示。

③ 执行注销后，当前用户被注销，再次出现如图 1-1 所
示的选择用户登录的窗口状态。

图 1-3　"关机"子菜单

④ 在第②步中，若选择"切换用户"命令，会出现如图 1-4 所示的登录窗口，提示有
一个用户已经登录。

图 1-4　切换用户登录

⑤ 若单击选择其他用户登录，则原登录用户并没有从系统中注销，此时系统有两个用户同时处于已登录状态。

3．Windows 7 重新启动操作

具体操作步骤如下：

① 单击 Windows 7 左下角"开始"按钮，弹出"开始"菜单。

② 单击"关机"按钮右边的三角形按钮，在弹出的子菜单中选择"重新启动"命令，可以重新启动计算机。

4．Windows 7 关闭计算机操作

具体操作步骤如下：

在 Windows 7"开始"菜单中，单击"关机"按钮，随即出现"Windows 正在关闭"的提示信息，黑屏后即可关闭计算机电源。

5．查看计算机状态信息

具体操作步骤如下：

① 选择"开始"→"控制面板"命令，打开控制面板窗口。

② 选择"系统和安全"命令，在出现窗口的右侧窗格中选择"系统"组中"查看该计算机的名称"选项，弹出图 1-5 所示的"查看有关计算机的基本信息"窗口。

③ 记录计算机的基本信息，填写表 1-1 中的 1～7 项。

④ 观看显示器外观，填写表 1-1 中的第 8 项。

表 1-1　计算机基本信息表

编　号	操　作　系　统	基　本　信　息
1	操作系统类型（32 位或 64 位）	
2	Windows 体验指数分级	
3	处理器（CPU）型号	
4	内存（RAM）容量（GB）	
5	计算机名称	

编　号	操 作 系 统	基 本 信 息
6	所属工作组	
7	Windows 是否激活	
8	显示器型号、大小	
9	硬盘分区大小（如 C:盘多大，D:盘多大等）	
10	光盘驱动器类别	

图 1-5　"查看有关计算机的基本信息"窗口

6．Windows 7 的基础使用

（1）了解 Windows 7 操作界面

启动计算机并登录 Windows 7，观察 Windows 7 桌面组成，认识鼠标指针、桌面图标、"开始"菜单和任务栏。

（2）鼠标的基本操作

① 拖动桌面上的"计算机"图标。

② 双击"计算机"图标，查看磁盘分区情况和光盘驱动器类别，填写表 1-1 中的 9～10 项。

③ 通过鼠标拖动改变"计算机"窗口的大小，拖动"计算机"窗口的标题栏，移动窗口位置。

④ 拖动"计算机"窗口的标题栏到桌面顶端，观察窗口最大化过程；用鼠标向下拖动已经最大化的"计算机"窗口的标题栏，观察窗口还原成普通大小。

⑤ 右击"计算机"图标，在弹出的快捷菜单中选择"属性"命令，弹出如图1-5所示的"查看有关计算机的基本信息"窗口。

⑥ 将光标移动到任务栏右下角系统通知区的时间所在位置后右击，在弹出的快捷菜单中选择"调整日期/时间"命令，弹出"日期和时间"对话框，用户可在此对话框中调整系统的时间和日期。

⑦ 在 Windows 7 桌面上双击打开 Internet Explorer 浏览器。

⑧ 选择"开始"→"所有程序"→"附件"→"计算器"（或"记事本"）命令，打开"计算器"（或"记事本"）程序。

7. 练习使用"Windows 任务管理器"

"Windows 任务管理器"的基本操作步骤如下：

① 在任务栏空白处右击，在弹出的快捷菜单中选择"启动任务管理器"命令，弹出"Windows 任务管理器"对话框，如图1-6所示。

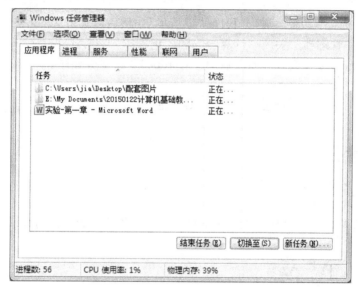

图 1-6　Windows 任务管理器

② 切换到不同选项卡，查看相关信息。

"应用程序"选项卡显示计算机正在运行的程序状态。在该选项卡中可以结束、切换程序，单击"新任务"按钮还可以启动新程序。

"进程"选项卡显示当前计算机正在运行的进程信息。

其他选项卡的作用可以通过选择"帮助"下拉菜单中的"任务管理器帮助主题（H）"选项进行查看。

③ 选择"文件"→"新建任务"命令，弹出"创建新任务"对话框，在"打开"文本框中输入"Mspaint"，单击"确定"按钮，启动画图程序。

8. 关闭计算机

可以通过下面两种方法关闭计算机：

① 选择"开始"→"关机"命令。

② 在桌面状态下按【Alt+F4】组合键，会出现如图1-7所示的"关闭 Windows"对话

框，选择"关机"命令，单击"确定"按钮关闭计算机。

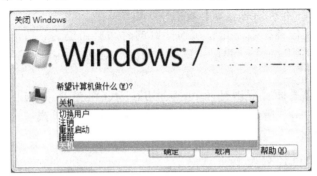

图 1-7 "关闭 Windows"对话框

 提高练习

（1）打开程序"计算器"，打开程序"记事本"，然后启动"Windows 任务管理器"，用"Windows 任务管理器"关闭"计算器"和"记事本"程序。

（2）用"Windows 任务管理器"启动"Wordpad"写字板程序。

实验 1-2 键盘指法练习

 实验目的

● 掌握一种中英文打字软件。
● 掌握汉字输入法。
● 了解"记事本"和"写字板"程序的启动、文件保存和退出的方法。

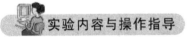 实验内容与操作指导

1."金山打字通"中英文打字练习软件的使用

金山打字通是一款功能齐全、界面友好、集打字练习和测试于一体的打字软件，主要由金山打字通和金山打字游戏两部分构成。金山打字通能针对用户水平定制个性化的练习课程，从最简单的熟悉键盘、单个英文字母开始，以循序渐进的方式过渡到词组、句子、篇章。这种循序渐进的趣味学习方式，能有效避免用户因急于求成而产生挫败感，从而失去打字学习兴趣。在学习一段时间后，还可以检测自己的学习成果。软件还提供经典打字游戏，通过游戏增强打字的趣味性，使学习和娱乐两不误。

金山打字通软件启动后，出现金山打字通首页，如图 1-8 所示。

在打字练习时，一定要把手指放在正确的键位上。要有意识慢慢地记忆键盘各个字符的位置，体会不同键位上的字键被敲击时手指的感觉，逐步养成不看键盘的输入习惯。进行打字练习时必须集中注意力，做到手、脑、眼协调一致，尽量避免边看原稿边看键盘，这样容易分散注意力。初级阶段的练习即使速度慢，也一定要保证输入的准确性。

对于初学者来说，金山打字通软件专门有针对初学者的"新手入门"教程。选择"新

手入门"，在确定用户名称后，选择练习模式（初学者通常选择关卡模式），如图 1-9 所示，就可以进行指法练习了。

图 1-8 金山打字通首页

（a）用户登录界面

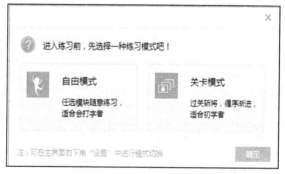

（b）选择学习模式界面

图 1-9 用户登录界面和选择学习模式界面

再次选择"新手入门"中的"打字常识""字母键位""数字键位""符号键位""键位纠错"等模块依次进行学习，如图 1-10 所示。

图 1-10 新手入门学习界面

金山打字通可以进行英文打字、拼音打字、五笔打字练习。如果单击首页底部的"打字教程"功能按钮，则会弹出如图 1-11 所示的界面，初学者可以从认识键盘、打字姿势、基础键位、手指分工、击键方法等方面进行入门学习。

图 1-11　打字教程——认识键盘

主页底部还有"打字测试""打字游戏""在线学习"等功能按钮。其中"打字测试"可以进行英文、中文拼音、中文五笔字型输入测试；"打字游戏"则是很吸引用户的一项功能，"生死时速""太空大战""拯救苹果""激流勇进""鼹鼠的故事"这几个经典打字游戏让键盘打字学习变得不再枯燥。

2．QQ 拼音输入法的使用

如果 Windows 7 系统没有安装 QQ 拼音输入法，则需要先下载并安装 QQPinyin_Setup.exe 程序。

QQ 输入法状态栏如图 1-12（a）所示。

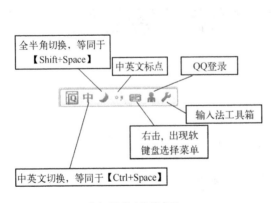

（a）QQ输入法状态栏　　　　　　　　　　（b）软键盘选择菜单

图 1-12　QQ 输入法状态栏介绍

在中文输入法状态栏中，如果是中文标点状态，则可以输入中文标点，中文标点符号的输入见表 1-2。

表 1-2　中文标点符号的输入

标 点 名 称	标 点 符 号	按　　键	标 点 名 称	标 点 符 号	按　　键
逗号	，	,	顿号	、	\
句号	。	.	左方括号	【	[
左、右双引号	""	"	右方括号	】	]

QQ 输入法还提供软键盘输入方式。在输入法状态栏中单击"软键盘"按钮，弹出软键盘选择菜单，如图 1-12（b）所示，选择需要的软键盘可以输入大量的特殊字符。

3．中英文输入练习

① 英文输入。打开记事本（Notepad），输入下面的文字，将输入文字保存为"D:\学号_姓名.txt"。

A biosystem, or biological system, is a group of molecules that interact in a biological system.

How to use the BioSystems database.

a．List the genes, proteins, and small molecules that are involved in a biological pathway.

b．Find the pathways in which a given gene or protein is involved.

c．Retrieve 3D structures for proteins involved in a biosystem.

d．Start with a gene expression study and retrieve a ranked list of biosystems in which the up- or down-regulated genes are involved.

② 中英文混合输入。打开写字板（Wordpad），输入下面的文字，将输入文字保存为"D:\学号_姓名.rtf"。输入时注意中英文切换。

PubMed 是一个免费的搜寻引擎，提供生物医学方面的论文搜寻以及摘要。它的数据库来源为 MEDLINE。其核心主题为医学，也包括其他与医学相关的领域，如护理学或者其他健康学科。

PubMed 医学文献检索服务系统的数据主要来源有：MEDLINE、OLDMEDLINE、Record in process、Record supplied by publisher 等。数据类型有：期刊论文、综述，以及与其他数据库链接。

MEDLINE 收录 1966 年以来的包含医学、护理、兽医、健康保健系统及前临床科学的文献 1600 万余条书目数据（2005 年数据），记录的标记为[PubMed-indexed for MEDLINE]。这些数据来源于 70 多个国家和地区的 4800 多种生物医学期刊，近年数据涉及 30 多种语种，回溯至 1966 年的数据涉及 40 多种语种，其中 90%左右为英文文献，70%~80%的文献有著者撰写的英文摘要。

In Process Citations 自 1996 年 8 月开始，每天收录由 MEDLINE 的期刊出版商提供的尚未经过规范化处理的数据，该库中的记录只具有简单的书目信息和文摘、记录标记为[PubMed-in process]。当该库中数据被标引 MeSH 词、文献类型及其他数据时，每星期转入 MEDLINE 一次，而被处理前的数据从该数据库中删除。

OLDMEDLINE：含 1950 年至 1965 年期间发表的 200 万篇生物医学文献。OLDMED-

LINE 的记录没有 MeSH 字段和摘要，记录的标记为[PubMed-OLDMEDLINE for Pre1966]。

Publisher-Supplied Citations （Articles Not in MEDLINE or IN Process）是由出版商提供的电子文献，每条记录标有[PubMed-as supplied by publisher]。这些文献包括两种来源：MEDLINE 收录范围的文献，每日被添加到 In Process Citation 中去，换上[PubMed－in process]的标记，并赋予一个 MEDLINE 的数据识别号 UI；不属于 MEDLINE 收录范围的文献则只有 PubMed 数据识别号 PMID 而没有 MEDLINE UI。

自 测 题 1

一、单项选择题

1. 世界上第一台电子数字计算机取名为（   ）。
    A．UNIVAC   B．EDSAC   C．ENIAC   D．EDVAC
2. 计算机内部之间的各种算术运算和逻辑运算的功能，主要是通过（   ）来实现的。
    A．CPU   B．主板   C．内存   D．显卡
3. 下列有关存储器读写速度的排列，正确的是（   ）。
    A．RAM>CACHE>硬盘>软盘   B．CACHE>RAM>硬盘>软盘
    C．CACHE>硬盘>RAM>软盘   D．RAM>硬盘>软盘>CACHE
4. 目前的智能手机和微型计算机，所采用的逻辑元件是（   ）。
    A．电子管   B．大规模和超大规模集成电路
    C．晶体管   D．中、小规模集成电路
5. 微型计算机的显示器一般有两组引线，它们是（   ）。
    A．信号线和地址线   B．电源线和信号线
    C．控制线和地址线   D．电源线和地址线
6. 下列行为不会传播计算机病毒的是（   ）。
    A．读取带病毒 U 盘上的信息
    B．下载网络上带病毒的程序
    C．有病毒的 U 盘与无病毒 U 盘放在一起
    D．运行硬盘上带病毒的程序
7. 处理器核心的工作速率常用（   ）来描述。
    A．系统的时钟频率   B．执行指令的速度
    C．执行程序的速度   D．处理器总线的速度
8. 计算机工作的本质是（   ）。
    A．取指令、运行指令   B．执行程序的过程
    C．进行数的运算   D．存数据、取数据
9. 操作系统的作用是（   ）。
    A．把源程序翻译成目标程序   B．进行数据处理
    C．控制和管理系统资源的使用   D．实现软硬件的转换
10. 个人计算机简称 PC，这种计算机属于（   ）。
    A．微型计算机   B．小型计算机
    C．超级计算机   D．巨型计算机

11. 一个完整的计算机系统通常包括（　　　）。
    A. 硬件系统和软件系统　　　　　　B. 计算机及其外围设备
    C. 主机、键盘与显示器　　　　　　D. 系统软件和应用软件
12. 计算机软件是指（　　　）。
    A. 计算机程序　　　　　　　　　　B. 源程序和目标程序
    C. 源程序　　　　　　　　　　　　D. 计算机程序及有关资料
13. 主要决定微机性能的是（　　　）。
    A. CPU　　　　B. 耗电量　　　　C. 质量　　　　D. 价格
14. 微型计算机中运算器的主要功能是进行（　　　）。
    A. 算术运算　　　　　　　　　　　B. 逻辑运算
    C. 初等函数运算　　　　　　　　　D. 算术运算和逻辑运算
15. MIPS 常用来描述计算机的运算速度，其含义是（　　　）。
    A. 每秒钟处理百万个字符　　　　　B. 每分钟处理百万个字符
    C. 每秒钟执行百万条指令　　　　　D. 每分钟执行百万条指令
16. 计算机存储数据的最小单位是二进制的（　　　）。
    A. 位（比特）　　B. 字节　　　　C. 字长　　　　D. 千字节
17. 1 字节包括（　　）个二进制位。
    A. 8　　　　　　B. 16　　　　　　C. 32　　　　　D. 64
18. 1 MB 等于（　　）字节。
    A. 100 000　　　B. 1 024 000　　　C. 1 000 000　　D. 1 048 576
19. 下列数据中，有可能是八进制数的是（　　　）。
    A. 488　　　　　B. 317　　　　　　C. 597　　　　　D. 189
20. 与十进制 36.875 等值的二进制数是（　　　）。
    A. 110100.011　　　　　　　　　　B. 100100.111
    C. 100110.111　　　　　　　　　　D. 100101.101
21. 磁盘属于（　　　）。
    A. 输入设备　　B. 输出设备　　C. 内存储器　　D. 外存储器
22. 计算机常用 DVD-ROM 作为外存储设备，它是（　　　）。
    A. 只读存储器　B. 只读光盘　　C. 只读硬磁盘　D. 只读大容量软磁盘
23. 计算机采用二进制最主要的理由是（　　　）。
    A. 存储信息量大　　　　　　　　　B. 符合习惯
    C. 结构简单运算方便　　　　　　　D. 数据输入、输出方便
24. 在下面不同进制的 4 个数中，最小的一个数是（　　　）。
    A. $(1101100)_2$　B. $(65)_{10}$　　C. $(70)_8$　　　D. $(A7)_{16}$
25. 根据计算机的（　　　），计算机的发展可划分为四代。
    A. 体积　　　　B. 应用范围　　C. 运算速度　　D. 主要元器件
26. 在计算机系统中，任何外围设备都必须通过（　　　）才能和主机相连。
    A. 存储器　　　B. 接口适配器　C. 电缆　　　　D. CPU
27. 一台计算机的字长是 4 字节，这意味着它（　　　）。
    A. 能处理的字符串最多由 4 个英文字母组成

B. 能处理的数值最大为 4 位十进制数 9 999

C. 在 CPU 中作为一个整体加以传送处理的二进制数码为 32 位

D. 在 CPU 中运算的结果最大为 2 的 32 次方

28. 已知字母"A"的二进制 ASCII 编码为"1000001",则字母"B"的十进制 ASCII 编码为（　　　）。

    A. 33　　　　　　B. 65　　　　　　C. 66　　　　　　D. 32

29. 从软件分类来看，Windows 属于（　　　）。

    A. 应用软件　　B. 系统软件　　C. 支撑软件　　D. 数据处理软件

30. 1 GB 等于（　　　）。

    A. 1 024×1 024 B　　　　　　　　B. 1 024 MB

    C. 1 024 M 二进制位　　　　　　D. 1 000 MB

31. 在同一台计算机中，内存比外存（　　　）。

    A. 存储容量大　　B. 存取速度快　　C. 存取周期长　　D. 存取速度慢

32. 在计算机内存中要存放 256 个 ASCII 码字符，需（　　　）的存储空间。

    A. 512 B　　　　B. 256 B　　　　C. 0.5 KB　　　　D. 0.512 KB

33. 在计算机断电后（　　　）中的信息将会丢失。

    A. ROM　　　　　　B. 硬盘　　　　　　C. 软盘　　　　　　D. RAM

34. 计算机的存储系统一般是指（　　　）。

    A. ROM 和 RAM　　　　　　　　B. 硬盘和 U 盘

    C. 内存和外存　　　　　　　　　D. 硬盘和 RAM

35. 与十六进制数 26.E 等值的二进制数是（　　　）。

    A. 110100.011　　B. 100100.111　　C. 100110.111　　D. 100101.101

36. 下列软件中不属于系统软件的是（　　　）。

    A. 操作系统　　B. 诊断程序　　C. 编译程序　　D. 编辑软件

37. 在微机中访问速度最快的存储器是（　　　）。

    A. 硬盘　　　　　　B. 软盘　　　　　　C. RAM　　　　　　D. 磁带

38. 下列软件中不属于应用软件的是（　　　）。

    A. 人事管理系统　　　　　　　　B. 工资管理系统

    C. 物资管理系统　　　　　　　　D. Linux 操作系统

39. 计算机的存储器是一种（　　　）。

    A. 输入部件　　B. 输出部件　　C. 运算部件　　D. 记忆部件

40. 计算机的发展经历了电子管计算机、晶体管计算机、集成电路计算机和（　　　）计算机共四个发展阶段。

    A. 二极管　　　　B. 晶体管　　　　C. 小型　　　　　D. 大规模集成电路

41. 下述说法中，正确的是（　　　）。

    A. 读取一个存储器单元的内容后，此单元中原有的数据将自动加 1

    B. 读取一个存储器单元的内容后，此单元中原有的数据将自动减 1

    C. 读取一个存储器单元的内容后，此单元中原有的数据将自动消失

    D. 读取一个存储器单元的内容后，此单元中原有的数据将不会变化

42．在计算机内部，用来传送、存储、加工处理的数据或指令都是以（　　）形式进行的。

    A．二进制码　　　B．拼音简码　　　C．八进制码　　　D．五笔字型码

43．存储容量为 1 KB，可存入（　　）个二进制的信息。

    A．1 024　　　　B．8×1 024　　　C．8×8×1 024　　D．1 024×1 024

44．现代计算机的基本工作原理是（　　）。

    A．程序设计　　　B．程序控制　　　C．存储程序　　　D．二进制编码

45．要把一张照片输入计算机，必须用到（　　）。

    A．打印机　　　　B．扫描仪　　　　C．绘图仪　　　　D．U 盘

46．计算机病毒主要是通过（　　）传播的。

    A．打印机　　　　B．键盘　　　　　C．网络　　　　　D．显示器

47．目前计算机病毒对计算机造成的危害主要是通过（　　）实现的。

    A．腐蚀计算机的电源　　　　　　　B．破坏计算机的程序和数据

    C．破坏计算机的主板　　　　　　　D．破坏计算机的 CPU

二、填空题

1．1 MB=_____bit。

2．第一代计算机采用的物理器件是_____。

3．16×16 点阵的一个汉字，其字形码占用_____字节；若是 24×24 点阵的汉字，字形码占用_____字节。

4．计算机系统一般分为_____和_____两大部分。

5．计算机中信息存储的最小单位是_____。

6．ROM 是指_____，RAM 是指_____。

7．把硬盘上的数据送入计算机内存中称为_____。

8．内存中每个基本单位，都被赋予一个唯一的序号，称为_____。

9．计算机的外围设备有很多，主要分成输入设备和输出设备两种，请写出至少两种输入设备：_____，至少两种输出设备：_____。

10．计算机显示器常有两种类型，即_____（CRT）和_____（LCD）。

11．在图 1-13 中的方框中填入下面 4 个名词所在的具体位置。

    A．中央处理器　　　　　　　　　B．输入设备

    C．外存储器　　　　　　　　　　D．内存储器

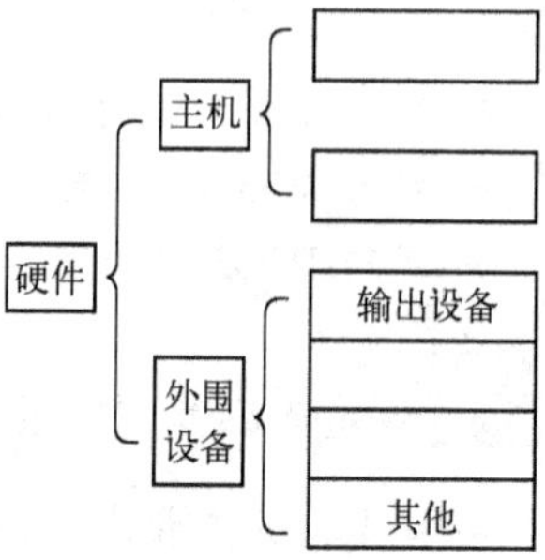

三、简答题

请将十进制数$(157)_{10}$转换成二进制数，然后将此二进制数转换成八进制数和十六进制数。

图 1-13　填图

第②章

Windows 7 操作系统

 **导读**

本章主要包含 3 个实验内容。实验 2-1 是用 VMware 软件虚拟安装 Windows 操作系统，要求掌握系统的安装过程、熟悉分区和格式化操作。实验 2-2 是 Windows 的基本操作、文件和文件夹的管理，掌握桌面的个性化设置、窗口的组成及基本操作方法、帮助和支持的基本使用方法，以及文件的创建、复制、移动、重命名、查找、属性设置等操作方法。实验 2-3 是系统的设置和维护，包括磁盘的管理、控制面板的使用、添加和删除程序、设置网络共享和添加网络打印机等实验内容。

实验 2-1　操作系统的安装

实验目的

- 掌握 Windows 操作系统的安装方法、安装过程。
- 熟悉 Windows 操作系统的分区与格式化操作。
- 了解 BIOS 的设置步骤与方法。

实验内容与操作指导

本节实验的主要内容是利用虚拟机 VMware 软件安装 Windows 7 操作系统，在安装的过程中熟悉和了解通过 BIOS 设置硬件的启动顺序以及硬盘的分区和格式化等操作。

1. 创建虚拟机

虚拟机（Virtual Machine），在计算机体系结构里是指一种特殊的软件，可以在计算机平台和终端用户之间创建一种环境，而终端用户则是基于这个软件所创建的环境来操作软件的。

VMware Workstation 是 VMware 公司提供的系统虚拟机软件，它允许用户在不重新启动计算机的情况下，就可在同一台 PC 机上同时运行多个操作系统（包括 Linux、Windows 等）。使用 VMware 创建虚拟机的操作方法及步骤如下：

（1）运行 VMware Workstation 虚拟机软件

VMware Workstation 应用程序默认安装在 "C:\Program Files\VMware\VMware Workstation"，打开 VMware Workstation 的常用方法有以下两种：

① 选择 "开始" → "所有程序" →VMware→VMware Workstation 命令。

② 双击桌面的 VMware Workstation 快捷方式图标 。

打开 VMware Workstation 应用程序后，其主界面如图 2-1 所示。

（2）创建虚拟机

① 在 VMware Workstation 应用程序窗口中，单击 "创建新的虚拟机" 按钮。

② 在弹出的如图 2-2 所示 "新建虚拟机向导——欢迎使用新建虚拟机向导" 对话框中，单击 "典型" 单选按钮，然后单击 "下一步" 按钮继续。

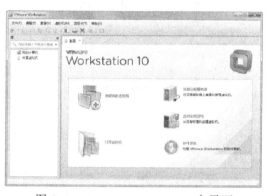

图 2-1 VMware Workstation 主界面

图 2-2 新建虚拟机向导（一）

③ 在 "新建虚拟机向导——安装客户机操作系统" 对话框中包含有三个选项，其中前两项 "安装程序光盘" 和 "安装程序光盘映像文件"，指定了系统安装文件的位置，当系统光盘放入光驱或指定系统安装光盘对应的映像文件时，在完成创建虚拟机文件后，VMware 自动开始操作系统的安装。由于在正式安装系统前还要进行 BIOS 的设置，这里选择第三项 "稍后安装操作系统"，如图 2-3 所示，单击 "下一步" 按钮继续。

④ 在图 2-4 所示 "新建虚拟机向导——选择客户机操作系统" 对话框中，选择用户要安装的操作系统及版本。如果要安装 Linux 等其他虚拟操作系统，则选择客户机操作系统为 Linux 及其他对应选项。此次实验，客户机操作系统选择 "Microsoft Windows"，版本选择 "Windows 7 X64"，X64 表示 64 位操作系统，单击 "下一步" 按钮继续。

⑤ 在图 2-5 所示 "新建虚拟机向导——命名虚拟机" 对话框中，设置创建虚拟机的名称以及存储的位置，此次实验名称可以保持默认值，位置修改为 "D:\My Documents\Virtual Machines\Windows 7 x64"，单击 "下一步" 按钮继续。

⑥ 在图 2-6 所示 "新建虚拟机向导——指定磁盘容量" 对话框中，设定虚拟机占用的最大磁盘大小为 60 GB，具体数值可根据空闲磁盘的容量大小修改，60 GB 是安装 64 位

Windows 7 操作系统的建议磁盘大小。选择"将虚拟磁盘拆分成多个文件"选项，单击"下一步"按钮继续。

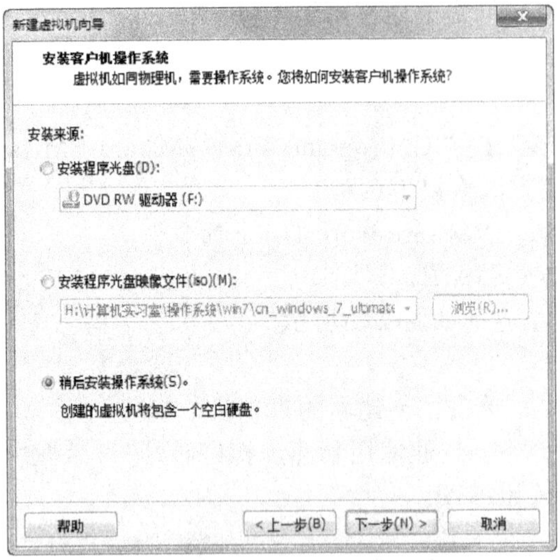

图 2-3　新建虚拟机向导（二）

图 2-4　新建虚拟机向导（三）

图 2-5　新建虚拟机向导（四）

图 2-6　新建虚拟机向导（五）

⑦　在图 2-7 所示"新建虚拟机向导——已准备好创建虚拟机"对话框中，显示出"新建虚拟机向导"中各步设置的虚拟机信息，单击"完成"按钮，完成新建虚拟机的创建。

新建虚拟机创建完成后，VMware 应用程序的主界面如图 2-8 所示，左侧任务窗格中"我的计算机"中显示的"Windows 7 x64"是新创建的虚拟机的名字。选择"Windows 7 x64"虚拟机选项，在右侧显示出虚拟机的设备信息，单击"开启此虚拟机"按钮，如同按下计算机的电源开关，打开虚拟机；单击"编辑虚拟机设置"，可对虚拟机的硬件设置进行修改，如虚拟机所使用 CPU 的核心数量，使用光盘安装系统还是用映像文件安装操作系统等。

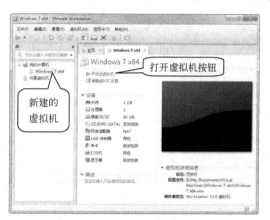

图 2-7　新建虚拟机向导（六）　　　　　　图 2-8　虚拟机的 VMware 界面

2．修改 BIOS 中的启动顺序

BIOS（Basic Input Output System）基本输入输出系统，是一组固化在计算机主板上 ROM 芯片中的程序，其主要功能是为计算机提供最底层、最直接的硬件设置和控制。

① 在 VMware Workstation 窗口的右侧窗格中选择新创建的"Windows 7 X64"虚拟机，依次选择 VMware Workstation 菜单栏中"虚拟机"→"电源"→"启动时进入 BIOS"命令，虚拟机启动，进入 BIOS，界面如图 2-9 所示。

BIOS 界面下方各按键的功能说明：

F1 Help：按功能键【F1】，显示帮助信息；

Esc Exit：按【Esc】键，退出；

↑↓ Select Item：按键盘的上、下方向键，上下移动选择选项；

←→ Select Menu：按键盘的左、右方向键，在 BIOS 中的标签之间切换；

-/+ Change Values：按键盘的【+】或【-】按键，修改选项的值；

Enter Select ▶ Sub-Menu：按键盘的【Enter】键，展开选择选项的子菜单；

F9 Setup Defaults：恢复 BIOS 的系统默认设置；

F10 Save and Exit：保存设置并退出 BIOS。

② 鼠标在虚拟机的 BIOS 界面中单击或按【Ctrl+G】快捷键，将键盘和鼠标从本地计算机定向到虚拟机，即键盘和鼠标的操作不是对本地计算机的操作，而是对虚拟机的操作。按键盘的向右方向键【→】，由 Main 标签切换到 Boot 标签，如图 2-10 所示。

③ Boot 标签中显示的是虚拟机在启动时装载系统文件的启动顺序，其中 Removable Devices 表示移动设备，如 U 盘等；Hard Drive 表示从硬盘启动；CD-ROM Drive 表示从光驱启动；Network boot From Intel E1000 表示从网络启动。通过上下方向键和+/-按钮，调整 CD-ROM Driver 为第一启动设备，即位于 Boot 界面的第一行。

④ 按功能键【F10】或切换到 Exit 标签，选择 Exit Saving Changes 命令，保存 BIOS 的设置并退出 BIOS，完成启动顺序的设置。设置完成后，系统启动时先从光驱引导系统启动，若光驱中没有启动文件，则从第二个设备中引导系统。

⑤ 按【Ctrl+Alt】组合键，从虚拟机中释放键盘和鼠标，单击虚拟机标签中的关闭按钮 Windows 7 x64 ，关闭虚拟机。

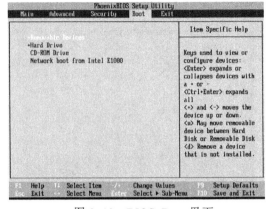

图 2-9　BIOS-Main 界面　　　　　　　　图 2-10　BIOS-Boot 界面

虚拟机进入 BIOS 的设置界面是利用菜单栏完成的，而在实际应用中比较常见的方法是按【Delete】键或【F2】键进入 BIOS 设置界面，按【F12】键在不修改 BIOS 的情况下临时选择启动顺序。不同的 BIOS 其进入和修改对应的按键也不尽相同，需要在启动时注意观察屏幕上的提示，按提示选择相应的按键。

3. 利用 Windows 7 的安装光盘安装操作系统

① 准备工作：开始安装操作系统之前，应准备好系统安装光盘和计算机硬件的驱动程序光盘，以及经常使用的应用程序安装文件等，将 Windows 7 的系统安装光盘放入光驱。

② 如图 2-8 所示，选择新建的虚拟机"Windows 7 X64"，在右侧窗格中单击"开启此虚拟机"按钮，启动虚拟机。根据前边的设置，系统首先读取光盘中的引导信息，准备安装操作系统。

③ 在不做任何操作的情况下，等待一段时间后，进入系统安装界面，如图 2-11 所示，首先设置区域选项，包括"安装的语言""时间和货币格式""键盘和输入方法"三项，此处均保持默认值，单击"下一步"按钮，继续安装。

④ 如图 2-12 所示，如果是第一次安装系统，选择"安装 Windows 须知"选项，查看安装 Windows 7 应了解的常规信息。如果是系统出了问题，需要修复已安装的 Windows 操作系统，则选择"修复计算机"选项，按照提示完成。此处单击"现在安装"按钮，启动安装程序，开始系统安装。

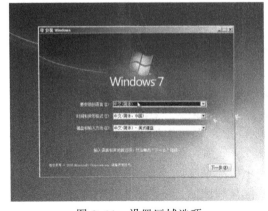

图 2-11　设置区域选项

图 2-12　开始安装系统

⑤ 如图 2-13 所示，Microsoft 软件许可条款，选择"我接受许可条款"，单击"下一步"按钮，继续安装。

⑥ 如图 2-14 所示，选择安装的类型，此处是全新系统安装，选择第二个"自定义"选项。

图 2-13　许可条款

图 2-14　安装类型

⑦ 如图 2-15 所示，选择系统安装的位置。在创建虚拟机时设置的磁盘大小为 60 GB，此处看到的磁盘 0 未分配大小的总空间为 60 GB。由于硬盘还没有执行分区操作，直接单击"下一步"按钮，会将整个磁盘划分为一个系统分区使用，不利于文件的管理，因此此处应先对硬盘进行分区操作，具体的操作步骤为：

● 在图 2-15 中，选择"驱动器选项（高级）"；
● 在图 2-16 中，单击"新建"按钮，如图 2-17 所示，在"大小"文本框中输入"40000"，单击"应用"按钮，在弹出的"若要确保 Windows 的所有功能都能正常使用，Windows 可能要为系统文件创建额外的分区"的确认对话框中，单击"确定"按钮，创建出两个分区。磁盘 0 分区 1，是由系统创建的 100 M 的系统保留分区；磁盘 0 分区 2，是用户创建的 39.0 G 的主分区，如图 2-18 所示。

图 2-15　安装位置

图 2-16　驱动器高级选项

● 在图 2-18 中，选择"磁盘 0 未分配空间"选项，单击"新建"按钮，后单击"应用"按钮，将剩余空间划分为磁盘 0 分区 3，如图 2-19 所示。
● 分别选择每个分区，单击"格式化"按钮，对分区进行格式化操作。至此，完成对

60 G 的磁盘进行分区和格式化操作，共分三个分区：一个系统创建的保留分区，两个用户创建的分区。

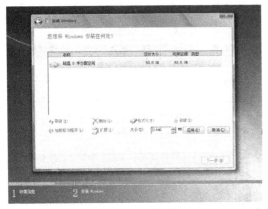

图 2-17　新建分区

图 2-18　创建主分区

⑧ 在图 2-19 中，选择"磁盘 0 分区 2"选项，单击"下一步"按钮，系统开始复制文件，在 C:盘中安装系统，如图 2-20 所示。

图 2-19　磁盘分区和格式化

图 2-20　安装 Windows

⑨ 等待一段时间，完成系统文件的复制等操作后，会出现图 2-21 所示界面，在"键入用户名"文本框中输入"student"，单击"下一步"按钮继续，此时为用户创建了一个名为"student"的用户账户。

⑩ 在图 2-22 中，为"student"用户设置密码。此处不输入密码，直接单击"下一步"按钮。

⑪ 在图 2-23 中，产品密钥文本框中输入产品的序列号，单击"下一步"按钮继续。如果没有产品序列号，可单击"跳过"按钮，继续安装。此处单击"跳过"按钮。

⑫ 在图 2-24 设置 Windows 的界面中，选择"使用推荐设置"选项。

⑬ 在图 2-25 日期和时间设置的界面中，设置当前的日期和时间后，单击"下一步"按钮。

⑭ 在图 2-26 网络设置界面中，选择"公用网络"选项。

⑮ 安装程序根据用户选择的设置选项设置操作系统参数，并进入 Windows 7 操作系

统，第一次启动系统的界面如图 2-27 所示。

图 2-21　创建用户账户

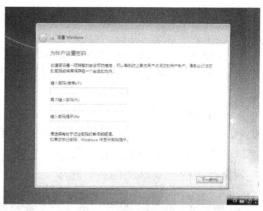

图 2-22　为账户设置密码

图 2-23　产品密钥

图 2-24　设置 Windows

图 2-25　日期和时间设置

图 2-26　网络设置

至此，完成了利用虚拟机安装操作系统的过程。通常情况下，系统安装完成后需要安装计算机硬件的驱动程序，以保证硬件的正常使用。实验中是用虚拟机进行模拟系统的安装，此处不需要安装硬件的驱动程序。

4．安装 VMware Tools，设置与本地计算机的共享

为了使虚拟机和本地计算机之间共享数据，需要安装 VMware Tools，具体安装步骤如下：

① 按【Ctrl+Alt】组合键将输入设备（键盘和鼠标）从虚拟机释放给本地计算机。

② 选择 VMware Workstation 窗口上"虚拟机"菜单栏中的"安装 VMware Tools"命令。

③ 在虚拟机的桌面上显示如图 2-28 所示窗口，选择"运行 setup.exe"，开始安装 VMware Tools。安装过程中根据提示，选择默认设置完成安装。选择 VMware Workstation 窗口"虚拟机"菜单栏中的"设置"选项，打开虚拟机设置对话框，选择"选项"选项卡左侧窗格中的"共享文件夹"选项。

图 2-27　显示 Windows 桌面

图 2-28　安装 VMware Tools

④ 在图 2-29 所示界面的右侧窗格"文件夹共享"中选择"总是启用"单选框，并选择"在 Windows 客户机中映射为网络驱动器"复选框。

⑤ 在图 2-29 所示界面单击"添加"按钮，将"D:\输入法"添加到"文件夹"窗格，单击"确定"按钮。

打开虚拟机中"计算机"窗口，如图 2-30 所示，网络位置下的"Shared Folders

图 2-29　"虚拟机设置"-"选项"选项卡

图 2-30　虚拟机中计算机窗口

(\\VMware-Host)"为本地计算机到虚拟机的网络映射,双击图标在打开的窗口中可找到"输入法"文件夹,从而实现本地计算机和虚拟机之间数据的共享。

1. 按要求新建虚拟机

要求:虚拟机命名为"Win7-Ghost",且设置磁盘容量为 80 GB,内存容量为 2 GB,处理器设置为 1 个处理器,每处理器核心数量设置为 2;设置使用"E:\操作系统\Win7Ghost.iso"文件进行系统安装。

提示:

① 参考创建虚拟机的步骤,创建一个磁盘容量为 80 GB,虚拟机名为 Win7-Ghost 的虚拟机。

② 选择 Win7-Ghost 虚拟机,选择虚拟机窗口"虚拟机"菜单栏中"管理"→"更改硬件兼容性"命令,如图 2-31 所示,将硬件兼容性选项由 workstation10.0 修改为 workstation 9.0。

③ 选择 Win7-Ghost 虚拟机,选择虚拟机窗口中"编辑虚拟机设置"命令,对内存容量、处理器等按要求进行设置,如图 2-32 所示。

④ 在图 2-32 所示界面中,单击左侧窗格下的"添加"按钮,添加"CD/DVD 驱动器"选项,选择"使用 ISO 映像",指定 ISO 文件的位置为 E:\操作系统\Win7Ghost.iso。

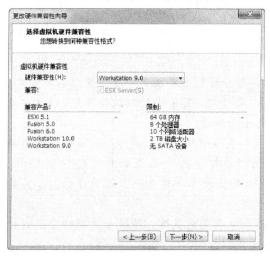

图 2-31 虚拟机硬件兼容性

图 2-32 "虚拟机设置"-"硬件"选项卡

2. 硬盘分区和格式化

要求:将新建"Win7-Ghost"虚拟机的 80 GB 磁盘划分为 3 个分区,分别为 40 GB(主分区)、10 GB 和 30 GB 的逻辑分区。

提示:

① 选择 Win7-Ghost 虚拟机,选择虚拟机窗口中"开启此虚拟机"选项,计算机启动后,在选项菜单中选择"运行 WinPE 微型系统",启动计算机并进入 PE 操作系统。

PE（Preinstallation Environment），是 Windows 预安装环境，带有有限服务的最小 Win32 子系统。PE 系统作为独立的预安装环境与其他安装程序和恢复技术组合使用，用于安装、备份、恢复操作系统和系统中重要文件的备份。

② 双击桌面的"DiskGenius"图标，打开 DiskGenius 磁盘分区格式化软件窗口，如图 2-33 所示。

③ 选择"分区"菜单栏中"建立新分区"命令，打开如图 2-34 所示建立新分区对话框中，将新分区大小改为 40，其他选择默认值，单击"确定"按钮。

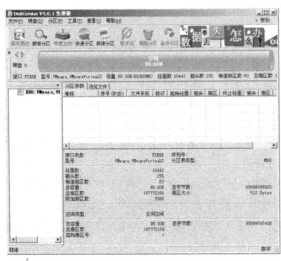

图 2-33　DiskGenius 主界面

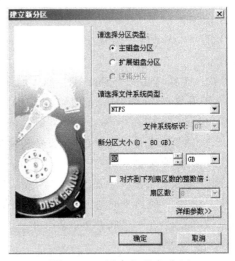

图 2-34　新建主磁盘分区

④ 选择硬盘 0 的剩余 40 GB 空闲空间，选择"分区"菜单栏中"建立新分区"命令，如图 2-34 所示，选择分区类型为"扩展磁盘分区"单选框，其余保持默认值不变，单击"确定"按钮，将剩下的 40 GB 空间创建为一个扩展磁盘分区。

⑤ 选择硬盘 0 的扩展磁盘分区，选择"分区"菜单栏中"建立新分区"命令，打开如图 2-35 所示"建立新分区"对话框，分区类型为"逻辑分区"，设置新分区大小为"10"，单击"确定"按钮；同样的方法，将剩余的 30 GB 磁盘空间创建为一个逻辑分区，分区后的结果如图 2-36 所示。

⑥ 单击工具栏中"保存更改"按钮，保存硬盘分区表的更改，在提示是否对分区进行格式化时，选择"是"，完成对磁盘的分区和格式化操作。

上述操作比较繁琐，要求用户对硬盘的分区和格式化操作有一定的了解，对于初学者，可以在打开 DiskGenius 主界面后，尝试利用工具栏中的"快速分区"工具将磁盘分成三个分区，分别为 40 GB、10 GB 和 30 GB，并且第一个分区为主分区。

3. 用诺顿 Ghost 手动备份和还原系统

（1）用诺顿 Ghost 还原系统的操作步骤

① 启动计算机，进入 PE 微型系统；双击桌面的"诺顿 Ghost"图标，运行 Ghost 软件，主界面如图 2-37 所示。

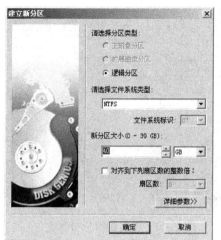

图 2-35　创建逻辑分区

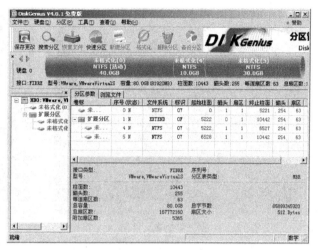

图 2-36　利用 GiskGenius 分区结果

📖 小知识

　　诺顿克隆精灵（Norton Ghost）是通用型硬件系统传送器（General Hardware Oriented System Transfer，Ghost），它是由美国赛门铁克（Symantec）公司开发的一款用于硬盘备份还原工具，能够完整而快速地复制备份、还原整个硬盘或单一分区，在 Windows 操作系统中使用广泛。

　　② 依次选择 Local→Partition→From Image。

　　③ 如图 2-38 所示，在"Look in"下拉列表中选择 F：→Ghost→GWin7.gho 文件。

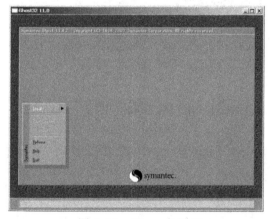

图 2-37　Ghost 主界面

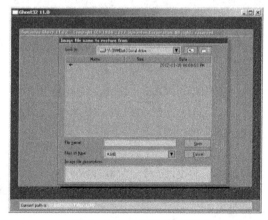

图 2-38　选择映像文件

　　④ 如图 2-39 所示，选择映像文件分区，直接单击"OK"按钮。

　　⑤ 如图 2-40 所示，选择要恢复的目标分区。通常系统盘都是 C:盘，选择第一项，单击"OK"按钮。

　　⑥ 在弹出的对话框中，单击"yes"按钮，开始将映像文件恢复到目标分区，恢复状态如图 2-41 所示。

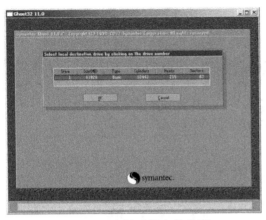

图 2-39　选择映像文件分区

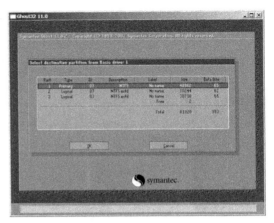

图 2-40　恢复的目标分区

⑦ 恢复完成时，如图 2-42 所示，单击弹出的对话框中"Reset Computer"按钮，重新启动计算机，完成 Ghost 手动还原系统。

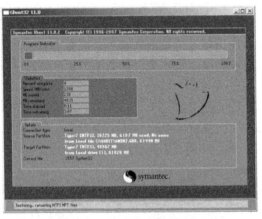

图 2-41　映像文件恢复

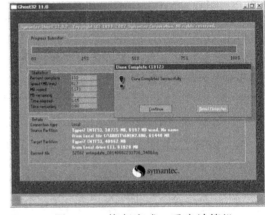

图 2-42　恢复完成，重启计算机

（2）用诺顿 Ghost 备份系统的操作步骤

① 启动计算机，进入 PE 微型系统；双击桌面的"诺顿 Ghost"图标，运行 Ghost 软件。

② 在图 2-37 所示界面中，依次选择 Local→Partition→To Image，准备将 C：盘分区中的所有文件创建成一个映像文件。

③ 在图 2-43 中，选择需备份的系统分区所在的磁盘，此处只有一个磁盘，单击"OK"按钮继续。

④ 在图 2-44 中，选择需要备份的分区。操作系统通常都安装在第一个分区，选择第一个选项，单击"OK"按钮。

⑤ 在图 2-45 中设置映像文件的文件名及保存位置。设置"Look In"选项为"E："，"File name"选项设置为"Win7"，单击"Save"按钮，开始创建备份映像文件。

4．在虚拟机中安装软件

要求：在安装的系统中安装 QQ 输入法和 WinRAR 压缩/解压缩软件。

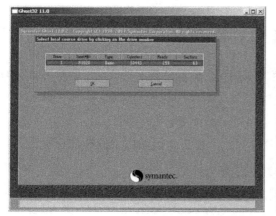

图 2-43　选择备份分区所在的磁盘

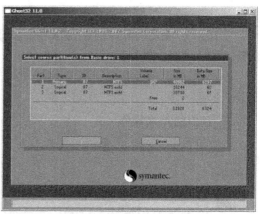

图 2-44　选择需要备份的分区

图 2-45　映像文件的名称及存储位置

实验 2-2　Windows 的基本操作和文件管理

实验目的

- 掌握"计算机"的使用。
- 掌握文件（夹）的浏览、选取、创建、重命名、复制、移动和删除等操作。
- 掌握文件（夹）的搜索。
- 掌握文件属性的查看与设置。
- 熟悉"库"的使用与管理。
- 熟悉桌面、任务栏、"开始"菜单的个性化设置。

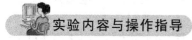

实验内容与操作指导

1．个性化桌面

具体操作步骤如下：

① 在桌面上单击右键，在弹出的快捷菜单中选择"个性化"选项，在弹出的"个性化"

窗口中设置 Aero 主题为"自然"主题。

② 在"个性化"窗口的左侧窗格中选择"更改桌面图标"选项，使桌面不再显示"计算机"和"网络"图标。

③ 在桌面上单击右键，在弹出的快捷菜单中选择"屏幕分辨率"选项，调整屏幕分辨率为"1280×800"。

2．窗口的基本操作

（1）双击桌面的"计算机"图标，打开"计算机"窗口，说明以下图标的含义：

（2）通过"计算机"窗口浏览磁盘

① 在计算机窗口中，双击"(C:)"图标，打开 C 盘窗口；再次双击"Windows"文件夹图标，打开 Windows 文件夹窗口，浏览 Windows 文件夹中的内容。

② 单击"后退"按钮 和"前进"按钮 ，观察窗口显示的内容，体会两个按钮各自的功能。

③ 直接单击地址栏中的"计算机"，回到"计算机"窗口。

④ 选择工具栏中"组织"下拉列表中的"布局"选项，设置计算机窗口"导航窗格"和"预览窗格"的打开与关闭。

⑤ 在"计算机"窗口的"导航窗格"中，单击"库"前的"展开"按钮 或双击"库"，将"库"展开，此时"库"前的"展开"按钮变为"折叠"按钮 ；单击"折叠"按钮，隐藏"库"中包含的内容。

⑥ 依次展开"库"→"图片"→"公用图片"，在导航窗格中选择"示例图片"，浏览工作区中显示的"示例图片"文件夹中的内容。

⑦ 使用"查看"菜单或工具栏中"视图"按钮 ，分别选择"超大图标""中等图标""列表""详细信息""平铺"和"内容"菜单项，观察窗口内图标的变化。拖动滑块，观察窗口内图标的变化。

3．使用 Windows 帮助系统

① 选择"开始"菜单中"帮助和支持"命令或在 Windows 文件夹窗口中直接按【F1】功能键，打开"Windows 帮助和支持"窗口。

② 在工具栏中，单击"选项"→"设置"，在"帮助设置"窗口中选中"搜索结果"下"使用联机帮助改进搜索结果（推荐）"复选框，单击"确定"按钮。当连接到网络时，将通过网络获得最新的帮助内容。

③ 在"帮助和支持"窗口的搜索框中输入一个或两个词，如共享打印，按【Enter】键，将出现搜索结果列表，其中最有用的结果显示在顶部。单击其中一个结果以阅读主题。

④ 单击工具栏中"浏览帮助"按钮 ，按主题列出帮助内容，单击列表中的主题标题，显示帮助主题或其他主题标题，继续单击帮助主题显示帮助信息或单击其他标题更加

细化主题列表。

4．文件夹的创建与更名

以在"D:\用户"文件夹中创建"作业"文件夹为例，操作步骤如下：

① 双击桌面上"计算机"图标，打开"计算机"窗口，再依次双击"D:"→"用户"，打开"用户"文件夹窗口。

② 在文件夹窗口的空白处单击右键，在弹出的快捷菜单中选择"新建"→"文件夹"命令，输入"作业"，按【Enter】键。

③ 如果在新建文件夹时未给文件夹改名，那么选定要重命名的文件夹，在文件夹图标上右击，选择弹出快捷菜单中的"重命名"命令，输入"作业"，按【Enter】键。

5．文件（夹）的复制、移动与删除

文件（夹）的复制或移动操作总的来说划分成四步：第一步，找到并选择文件（夹）；第二步，执行复制或移动操作；第三步，打开目标文件夹；第四步，执行粘贴操作。

（1）以复制"D:\用户\作业.doc"文件到"C:\homework"为例，复制文件（夹）的步骤为：

① 打开"D:\用户"文件夹窗口，鼠标单击"作业.doc"图标，选择文件。

② 按【Ctrl+C】组合键，将选择的文件（夹）存入剪贴板。

③ 打开"C:\homework"文件夹窗口。

④ 按【Ctrl+V】组合键，完成文件的复制操作。

（2）以移动"D:\用户\作业.doc"文件到"C:\homework"为例，移动文件（夹）的步骤为：

① 打开"D:\用户"文件夹窗口。

② 鼠标右击"作业.doc"图标，在弹出的快捷菜单中选择"剪切"命令。

③ 打开"C:\homework"文件夹窗口。

④ 在窗口的空白处单击鼠标右键，在弹出的快捷菜单中选择"粘贴"命令，完成文件的移动操作。

（3）以删除"C:\homework\作业.doc"文件为例，删除文件（夹）的步骤为：

① 打开"C:\homework"文件夹窗口，鼠标单击"作业.doc"图标，选择文件。

② 按键盘的【delete】键，在弹出的删除文件（夹）的确认对话框中，单击"是"按钮，将选定的文件（夹）放入回收站。

③ 若要彻底删除文件，则打开桌面上"回收站"窗口，在"作业.doc"图标上单击右键，在弹出的快捷菜单中选择"删除"命令，弹出的确认删除对话框单击"是"按钮。或直接右击桌面的"回收站"图标，选择"清空回收站"命令。

文件（夹）的复制、移动和删除都包含有多种方法，此处只列举了一种方法，其他方法可参考教材中的相应章节，只需要掌握其中的一种方法，但对其他方法也应熟悉。

6．设置与查看文件（夹）的属性

选定要查看属性的文件（夹），在对应图标上单击右键，在弹出的快捷菜单中选择"属性"命令，则弹出文件（夹）的属性对话框。

查看 D:盘的属性，记录以下内容：

文件系统：_____；已用空间：_____GB；可用空间：_____GB。

选择"开始"→"所有程序"→"附件"→"计算器的属性"命令，写出计算器的详细路径：

_____。

7．查找文件或文件夹

打开搜索窗口，查找如下内容：C:盘中文件名含有 help 的所有文本文件；D:盘中上星期修改的所有 word 文档。

操作步骤如下：

① 双击桌面"计算机"→"C:"，打开 C:盘文件夹窗口，在搜索框中输入"help.txt"，系统开始搜索，并将搜索结果显示在文件夹窗口的工作区中。

② 双击桌面"计算机"→"D:"，打开 D:盘文件夹窗口，在搜索框中输入"*.docx"，鼠标单击搜索框，在列表中选择"修改时间"→"上星期"选项，开始在 D:盘中搜索上星期修改过的 word 文档，并将搜索结果显示在文件夹窗口的工作区中。

8．库的使用

新建一个"常用"库，将"C:\Windows\System32"文件夹、"D:\用户"文件夹、"E:\操作系统"文件夹添加到"常用"库中。

操作步骤如下：

① 双击桌面上的"计算机"图标，打开计算机窗口，鼠标单击左侧导航窗格中的"库"图标，打开库窗口，或在"开始"菜单的搜索框中输入"库"，选择搜索结果中的"库"。

② 在"库"窗口空白区域单击右键，在弹出的快捷菜单中选择"新建"→"库"，输入"常用"，按 Enter 键。或直接单击"库"窗口工具栏上"新建库"按钮，将"新建库"重命名为"常用"。

③ 打开"C:\Windows"文件夹窗口，在 System32 文件夹上单击右键，在弹出的快捷菜单中选择"包含到库中"→"常用"命令。

④ 打开"常用"库窗口，单击"常用库"下方的"位置"超链接，如图 2-46 所示，单击"添加"按钮，将另外两个文件夹的位置添加到库中。

图 2-46 "常用库库位置"窗口

 提高练习

1．任务栏和开始菜单的相关操作

完成以下要求：

① 取消任务栏的锁定状态。

② 将任务栏移到屏幕的上、左、右边缘，再移回原处。

③ 设置任务栏为自动隐藏。

④ 将"库"锁定到任务栏，并解锁任务栏中的 360 浏览器图标。

⑤ 取消任务栏上显示的时钟。

⑥ 将收藏夹菜单添加到"开始"菜单中。

2．文件和文件夹的管理练习

完成以下要求：

① 按照图 2-47 所示的文件夹树形结构在 D:盘和 E:盘中创
建文件夹。

② 文件的查找、复制、移动、快捷方式的创建。

③ 查找 C:盘中所有文件名包含 com 和 help 的所有文本文
件。

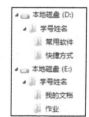
图 2-47 文件夹树形结构图

④ 将找到的所有文本文件复制到"E:\学号姓名\我的文
档"文件夹中。

⑤ 将记事本、计算器、写字板三个应用程序文件复制到"D:\学号姓名\常用软件"文
件夹中。

⑥ 在"D:\学号姓名\快捷方式"文件夹中创建桌面"计算机"的快捷方式。

⑦ 截取"计算机"窗口的图像，并在截取的图像上标注出标题栏、菜单栏、工具栏、
地址栏、搜索框、工作区、导航窗格以及状态栏等信息。

提示：

① 记事本、计算器、写字板等程序的位置可通过选择"开始"→"所有程序"→"附
件"命令，通过查看对应快捷方式的属性获得。

② 截取"计算机"窗口图像，打开桌面"计算机"窗口后，可以使用"开始"→"所
有程序"→"附件"→"截图工具"进行屏幕的截取；也可以使用【Ctrl+Alt+PrintScreen】
组合键，将当前活动窗口图像保存到剪贴板中。

③ 选择"开始"→"所有程序"→"附件"→"画图"命令，打开画图程序后，将"计
算机"窗口的截图"粘贴"到画图程序中。

④ 利用画图程序，在"计算机"窗口的截图上标出标题栏、菜单栏、工具栏、地址栏、
搜索框、工作区、导航窗格以及状态栏等信息。将该图像保存到"E:\学号姓名\作业"文件
夹中，文件名为"学号姓名.bmp"。

实验 2-3　系统的设置与维护

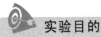 **实验目的**

- 熟悉控制面板的使用。
- 熟悉磁盘维护工具的使用。
- 熟悉硬件驱动程序安装。
- 熟悉应用程序添加与删除的正确方法。
- 熟悉局域网中文件（夹）共享的设置。

 实验内容与操作指导

1. 磁盘清理程序的使用

利用磁盘清理程序对各分区进行清理的操作步骤如下：

① 选择"开始"→"所有程序"→"附件"→"系统工具"→"磁盘清理"命令，打开"磁盘清理：驱动器选择"对话框。

② 选择"驱动器"下拉列表中需要清理的磁盘分区选项，如"C:"，单击"确定"按钮。

③ 打开"（C:）的磁盘清理"对话框，在"磁盘清理"选项卡中选择要删除的文件，如回收站中的文件，脱机的网页文件，Internet 临时文件等；在"其他选项"选项卡中，单击"程序和功能"中的"清理"按钮，打开"程序和功能"窗口，可卸载不需要的程序；单击"系统还原和卷影复制"中的"清理"按钮，可以清理备份的还原点信息。

④ 单击"确定"按钮，系统弹出磁盘清理确认对话框，单击"是"按钮，系统根据用户选择删除不需要的垃圾文件（夹）。

2. 磁盘碎片整理程序的使用

碎片整理程序可以对分区中的碎片重新排列，以便磁盘和驱动器能够更有效地工作。操作步骤如下：

① 选择"开始"→"所有程序"→"附件"→"系统工具"→"磁盘碎片整理程序"命令，打开"磁盘碎片整理程序"对话框。

② "当前状态"显示了系统中各分区上次进行碎片整理的时间等信息，选择要进行碎片整理的磁盘。

③ 如果不确定是否需要进行碎片整理，可选择分区后，单击"分析磁盘"按钮，分析分区中碎片所占的百分比，当碎片超过 10% 时，需要对分区进行碎片整理。单击"磁盘碎片整理"按钮，对选定的分区进行碎片整理。

④ 如果希望系统定期对磁盘的碎片进行整理，单击"配置计划"按钮，设置系统进行碎片整理的频率、日期、时间和要整理的分区信息，单击"确定"按钮。

3. 控制面板的基本操作

① 选择"开始"→"控制面板"命令，或在"计算机"窗口，单击工具栏中的"打开

控制面板"按钮，打开"控制面板"窗口。

② 选择"查看方式"下拉列表中"分类""大图标""小图标"选项，以不同的方式显示控制面板中的项目。

③ 在"小图标"或"大图标"查看方式中，以图标的形式显示项目，用户可单击项目图标打开相应的程序或文件夹。

④ 在分类查看方式中，对所有项目按类别划分，用户需选择类别后，在类别的详细窗口中进一步选择项目，以打开对应程序或文件夹。

4．卸载程序

① 打开"控制面板"窗口，在"分类"查看方式下，单击"程序"分类下方的"卸载程序"超链接；或在"图标"查看方式下，单击"程序和功能"图标，打开"程序和功能"窗口。

② 在"卸载和更改程序"列表框中选择要删除的程序名称，如"360 安全浏览器"，单击工具栏中"卸载/更改"按钮，在出现的向导中根据向导提示完成程序的卸载。

5．设置文件夹共享

（1）设置文件夹共享操作

文件夹共享是通过局域网络环境实现数据共享的一种方式，其操作步骤为：

① 选择"控制面板"→"网络和 Internet"→"查看网络状态和任务"→"更改高级共享设置"→"家庭或工作"命令，打开家庭和工作的高级共享设置窗口。勾选"启用网络发现""启用文件和打印机共享"选项，单击"保存更改"按钮。如果选项已打开，直接单击"取消"按钮。

② 选择需要共享的文件夹，如"D:\我的共享"文件夹，在"共享"文件夹上单击右键，在弹出的快捷菜单中选择"属性"命令，单击"共享"切换到"共享"选项卡，如图 2-48 所示。

③ 单击"高级共享"按钮，如图 2-49 所示，选中"共享此文件夹"复选框；共享名处输入一个名称，此名称是网络用户访问时看到的共享文件夹名。

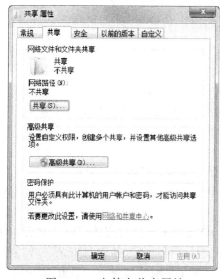

图 2-48　文件夹共享属性

图 2-49　高级共享

④ 单击"权限"按钮，设置网络用户访问此文件夹的权限。默认为"everyone"用户，具有读取该文件夹的权限。单击"添加"→"高级"→"立即查找"按钮，在"查找结果"中选择需要添加的用户，如 student，单击"确定"按钮，选定 student 用户，在下方的"student 权限"中选择"完全控制"，如图 2-50 所示，单击"确定"按钮。

图 2-50　文件夹共享权限设置

⑤ 单击图 2-49 中的"确定"按钮，完成高级共享的设置，返回"共享"属性对话框。

⑥ 单击图 2-48 中的"确定"按钮，完成文件夹共享的设置。

（2）访问共享文件夹

具体操作步骤如下：

① 双击桌面上的"网络"图标，或在"计算机"窗口的导航窗格中单击"网络"，打开"网络"窗口，并自动检测局域网中的计算机，将检测到的计算机名显示在窗口中。

② 选定要访问的计算机名，双击图标，输入正确的用户名和密码，即可访问该计算机。根据用户的权限不同，所能完成的操作也不相同。

6．添加网络共享打印机

一个房间中有几台电脑但只有一台打印机的现象很普通，若想让所有电脑都能够使用打印机，一般采用的方法是将打印机连接在一台电脑上，通过共享打印机的方式实现。添加网络共享打印机的步骤为：

① 将打印机与其中的一台计算机相连。

② 选择"开始"→"设备和打印机"命令，打开"设备和打印机"窗口。

③ 单击工具栏中"添加打印机"按钮，选择"添加本地打印机"，选择"使用现有的端口"，单击"下一步"按钮。

④ 在图 2-51 所示安装打印机驱动界面中，在厂商列表中选择对应的厂家，在打印机列表中找到打印机的型号；如果有打印机的驱动程序文件，可选择"从磁盘安装"；如果系统提供的打印机里没有对应的型号，也没有驱动程序，可在联网的情况下，单击"Windows Update"由系统在 Windows 的网站中查找对应型号的打印机驱动。此处，选择从"磁盘安

装"，指定驱动所在的路径，单击"确定"按钮，开始安装驱动程序。

图 2-51　安装打印机驱动

⑤ 在"设备和打印机"窗口中选择安装的打印机，单击右键，在弹出的快捷菜单中选择"打印机属性"，在弹出的"打印机属性"窗口中，切换到"共享"选项卡，选择"共享这台打印机"复选框，完成打印机的共享。

⑥ 其他计算机通过网络找到安装共享打印机的计算机，直接双击共享的打印机图标，即可在本地安装网络打印机的驱动，打印文档时选择该打印机打印即可。

自 测 题 2

一、单项选择题

1．Windows 7 是（　　　）操作系统。

    A．单用户多任务　　　　　　　　　　B．多用户多任务

    C．多用户单任务　　　　　　　　　　D．单用户单任务

2．在一台有 16 GB 内存的计算机上，（　　　）版本的 Windows 7 操作系统能够充分利用硬件资源？

    A．Windows 7 Ultimate x86　　　　　B．Windows 7 Professional x86

    C．Windows 7 Enterprise x86　　　　D．Windows 7 Home Basic x64

3．不是计算机上所使用的桌面操作系统是（　　　）。

    A．Mac OS　　　　　B．Windows 7　　　　C．Android　　　　D．Ubuntu Linux

4．在 Windows 7 操作系统中，关于文件夹的描述不正确的是（　　　）。

    A．文件夹用来组织和管理文件　　　　B．可以重命名文件夹名称

    C．文件夹中可以存放子文件夹　　　　D．文件夹名称可以用所有字符

5．在 Windows 7 操作系统中，桌面图标的排列方式正确的一项是（　　　）。

    A．名字、项目类型、大小、修改日期

    B．名称、类型、大小、自动排列

C．名称、类型、任务、大小、自动排列

D．名称、大小、项目类型、按修改日期

6．在 Windows 中，窗口的排列方式没有（　　　）。

　　A．并排显示　　　　B．斜向平铺　　　　C．堆叠显示　　　D．层叠窗口

7．在 Windows 7 操作系统中选定文件后，若要将其移到不同驱动器的文件夹中，正确的操作为（　　　）。

　　A．直接拖动鼠标　　　　　　　　　　B．按下【Shift】键拖动鼠标

　　C．按下【Ctrl】键拖动鼠标　　　　　D．按下【Alt】键拖动鼠标

8．在 Windows 7 操作系统中，下列关于附件中的工具叙述正确的是（　　　）。

　　A．写字板可将文件保存为 rtf 类型

　　B．计算器程序不能进行数制的转换

　　C．画图程序不可以进行图片的编辑处理

　　D．记事本文件中能插入图片

9．以下不是 Windows 7 窗口组成部分的是（　　　）。

　　A．工作区　　　　B．状态栏　　　　C．任务栏　　　D．工具栏

10．把 Windows 的窗口和对话框作比较，窗口可以移动和改变大小，而对话框（　　　）。

　　A．既不能移动，也不能改变大小　　　B．仅可以移动，不能改变大小

　　C．仅可以改变大小，不能移动　　　　D．既能移动，也能改变大小

11．主题是计算机上的图片、颜色和声音的组合，它不包括（　　　）。

　　A．桌面背景　　　B．屏幕保护程序　　C．窗口边框颜色　D．声音方案

12．在 Windows 7 操作系统中，将整个屏幕全部复制到剪贴板中所使用的键是（　　　）。

　　A．【PrintScreen】B．【Page Up】　　　C．【Alt+F4】　　　D．【Ctrl+Space】

13．在 Windows 7 中，"全选"的快捷键是（　　　）。

　　A．【Ctrl+Z】　　B．【Ctrl+X】　　　C．【Ctrl+V】　　　D．【Ctrl+A】

14．在 Windows 7 文件夹窗口中共有 28 个文件，其中有 18 个被选定，执行"编辑"菜单中的"反向选择"命令后，被选定的文件个数是（　　　）。

　　A．28　　　　B．18　　　　C．10　　　　D．46

15．在 Windows 窗口中，选定一个文件后，在地址栏中显示的是该文件的（　　　）。

　　A．共享属性　　B．文件类型　　　C．文件大小　　　D．存储位置

16．能够提供即时信息也可轻松访问常用工具的桌面元素是（　　　）。

　　A．桌面图标　　B．桌面小工具　　C．任务栏　　　D．桌面背景

17．在 Windows 7 操作系统中，要选定多个不相邻的文件，应先按住（　　　）键再单击其他待选文件。

　　A．【Delete】　　　B．【Ctrl】　　　C．【Tab】　　　D．【Alt】

18．在 Windows 7 的任务栏中，不包含的对象是（　　　）。

　　A．"开始"菜单　　　　　　　　　　　B．应用程序窗口图标

　　C．通知区域　　　　　　　　　　　　D．显示桌面按钮

19．在 Windows 7 中，显示文件名、大小、类型、修改时间等内容，应选择的显示方式（　　　）。

　　A．大图标　　　B．详细信息　　　C．列表　　　D．小图标

20．在 Windows 7 操作系统中，回收站是（　　　）。
　　A．U 盘中的一部分　　　　　　　　B．硬盘的一部分
　　C．内存的一部分　　　　　　　　　D．软盘的一部分
21．在 Windows 7 操作系统中，回收站中可以保存从（　　　）位置删除的文件或文件夹。
　　A．U 盘　　　　　B．硬盘　　　　　　C．光盘　　　　　D．网络
22．在 Windows 7 操作系统中，文件"123.RTF.DOC.EXE "的扩展名是（　　　）。
　　A．123　　　　　B．DOC　　　　　　C．EXE　　　　　D．RTF
23．在 Windows 7 操作系统中，修改日期和时间可以通过（　　　）完成。
　　A．"开始"按钮　B．控制面板　　　C．状态栏　　　　D．网络
24．以下（　　　）不属于 Windows 7 操作系统的账户类型。
　　A．来宾账户　　B．标准账户　　　C．管理员账户　　D.．高级用户账户
25．Windows 7 的窗口菜单中，若某个菜单的颜色是灰色，则表示（　　　）。
　　A．双击便能起作用　　　　　　　　B．右击便能起作用
　　C．单击便能起作用　　　　　　　　D．此操作不起作用
26．在 Windows 7 窗口标题栏中，不可能同时出现的按钮是（　　　）。
　　A．最小化和关闭　　　　　　　　　B．最大化和最小化
　　C．最大化和还原　　　　　　　　　D．还原和最小化
27．在 Windows 7 操作系统中，若要恢复回收站中的文件，在选定待恢复的文件后，应选择"文件"菜单中的命令是（　　　）。
　　A．全部还原　　B．后退　　　　　　C．还原　　　　　D．恢复
28．在 Windows 7 窗口中，"文件夹选项"所在的菜单是（　　　）。
　　A．文件　　　　B．编辑　　　　　　C．查看　　　　　D．工具
29．在 Windows 7 窗口中，选定多个不连续文件的操作为（　　　）。
　　A．按住【Shift】键，单击每一个要选定的文件图标
　　B．按住【Ctrl】键，单击每一个要选定的文件图标
　　C．先选中第一个文件，按住【Shift】键，再单击最后一个要选定的文件图标
　　D．先选中第一个文件，按住【Ctrl】键，再单击最后一个要选定的文件图标
30．在 Windows 7 操作系统中，有的对话框右上角有"？"按钮，它的功能是（　　　）。
　　A．关闭对话框　　　　　　　　　　B．获取帮助信息
　　C．便于用户输入问号　　　　　　　D．将对话框最小化
31．在 Windows 7 操作系统中，要把文件图标设置成超大图标，应在下列哪个菜单中设置（　　　）。
　　A．文件　　　　　B．编辑　　　　　C．查看　　　　　D．工具
32．在 Windows 7 操作系统中，为移动窗口的位置，用鼠标拖曳的对象是（　　　）。
　　A．菜单栏　　　　B．窗口边框　　　C．工具栏　　　　D．标题栏
33．在 Windows 7 操作系统中，某项菜单后面有黑色三角形标志表示（　　　）。
　　A．选择该菜单项会弹出对话框　　　B．该菜单项不可用
　　C．选择该菜单项会弹出子菜单　　　D．菜单项被选中
34．在 Windows 7 操作系统中，对桌面背景的设置可以通过（　　　）。
　　A．右击"计算机"，选择"属性"

B．右击"开始"菜单，选择"属性"

C．右击"桌面"空白处，选择"个性化"

D．右击"桌面"空白处，选择"属性"

35．在 Windows 7 操作系统中，快速获得硬件的有关信息可通过（　　　）。

  A．右击"计算机"，在弹出的快捷菜单中选择"属性"命令

  B．右击"开始"菜单，在弹出的快捷菜单中选择"属性"命令

  C．右击"桌面"空白处，在弹出的快捷菜单中选择"个性化"命令

  D．右击"桌面"空白处，在弹出的快捷菜单中选择"属性"命令

36．在 Windows 7 操作系统中，选定内容并"复制"后，复制的内容放在（　　　）中。

  A．任务栏 B．剪贴板 C．硬盘 D．回收站

37．在 Windows 7 操作系统中，给文件或文件夹命名时，文件名中不能包含（　　　）。

  A．空格 B．+ C．- D．\

38．在 Windows 操作系统中，下面文件的命名不正确的是（　　　）。

  A．QWER.ASD.ZXC.DAT   B．QWERAS DXZC.DAT

  C．QWERASDZXC.DAT   D．QWER.ASD\ZXC.DAT

39．直接永久删除文件而不是先将其移至回收站的组合键是（　　　）。

  A．【Win+Delete】   B．【Alt+Delete】

  C．【Ctrl+Delete】   D．【Shift+Delete】

40．在 Windows 7 操作系统中，以下文件名中表示压缩文件的是（　　　）。

  A．123.CRD B．123.TXT C．123.RAR D．123.BMP

41．如果一个文件的名字是"文本文件.bmp"，则该文件的类型是（　　　）。

  A．文本文件 B．记事本文件 C．写字板文件 D．位图文件

42．下面（　　　）图标代表的是可执行文件？

  A．   B．   C．   D．

43．以下输入法中（　　　）是 Windows 7 操作系统自带的输入法。

  A．QQ 拼音输入法   B．搜狗拼音输入法

  C．微软拼音输入法   D．谷歌拼音输入法

44．中/英文输入法切换的组合键是（　　　）。

  A．【Ctrl+Space】B．【Ctrl+Alt】 C．【Alt+Space】D．【Ctrl+Shift】

45．下列关于"快捷方式"的说法中，错误的是（　　　）。

  A．"快捷方式"是打开程序的捷径

  B．"快捷方式"的图标可以更改

  C．可以在桌面上创建打印机的"快捷方式"

  D．删除"快捷方式"，它所指向的应用程序也会被删除

二、填空题

1．要安装 Windows 7 操作系统，系统磁盘分区必须为_____格式。

2．在系统启动过程中按_____键，可以进入"高级启动选项"界面。

3．Windows 窗口右上角的按钮　　的作用是_____；按钮　　的作用是_____；按钮　　的作用是_____；按钮　　的作用是_____。

4．在计算机中，信息（如文本、图像或音乐）以_____的形式保存在磁盘上。

5．Windows 系统中，文件名通常由_____和_____两部分组成，其中_____反映文件的类型。

6．库是 Windows 7 操作系统的新增功能，默认情况下包含_____、_____、_____和_____。

7．复制文件的组合键是_____，粘贴的组合键是_____，撤销上一步操作的组合键是_____，不同输入法进行切换的组合键是_____。

8．通过开始菜单程序打开记事本程序的顺序为_____。

9．Windows 7 操作系统中的计算器包括_____、_____、_____和_____4 种类型。

10．安装应用程序时，通常安装程序的文件名为_____。

三、简答题

1．在 "D:\picture" 文件夹下包含有若干张照片，列出 6 种图像文件的显示方式。

2．选定对象之后，列出 3 种可以删除该对象的操作。

3．简述如何打开任务管理器以及如何利用任务管理器管理应用程序。

第 **3** 章

计算机网络基础

　导读

本章主要包含 2 个实验内容。实验 3-1 是 Windows 7 操作系统中的网络功能。实验 3-2 是 Internet 的应用，掌握浏览器的使用方法，学习使用搜索引擎在 Internet 上搜索需要的资源等实验内容。

实验 3-1　网 络 基 础

　实验目的

● 掌握在 Windows 7 操作系统中资源共享的设置和使用方法。
● 掌握在 Windows 7 操作系统中查看 IP 地址和子网掩码的方法。
● 了解常用的工具命令 ping 的使用方法。

实验内容与操作指导

1．设置资源共享

具体操作步骤如下：

① 双击桌面上的"计算机"图标，打开"计算机"文件夹窗口，在 D：盘中新建文件夹，并命名为"share"；然后选择"开始"→"所有程序"→"附件"→"记事本"命令，新建一个扩展名为*.txt 的文本文件，命名为"abc"并保存到"share"文件夹中。

② 右击"share"文件夹，弹出的快捷菜单中选择"共享"→"不共享"命令，打开"文件共享"窗口，如图 3-1 所示。

③ 单击"更改共享权限"，在打开的窗口中单击箭头查找用户 Everyone，如图 3-2 所示。单击"添加"按钮，然后单击"共享"按钮。

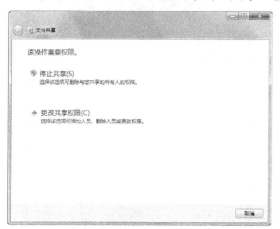

图 3-1 "文件共享"窗口 图 3-2 更改共享权限

④ 单击任务栏中的"开始"按钮 ，在"搜索程序和文件"文本框中输入"gpedit.msc"，按【Enter】键打开"本地组策略编辑器"窗口，如图 3-3 所示。

⑤ 在右侧窗格依次双击"计算机配置"→"Windows 设置"→"安全设置"→"本地策略"→"安全选项"→"帐户：来宾账户状态"命令，弹出"帐户：来宾账户状态属性"对话框，如图 3-4 所示。选择"已启用"单选项，然后单击"确定"按钮。

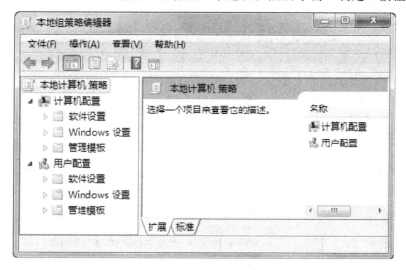

图 3-3 本地组策略编辑器

⑥ 回到图 3-3"本地组策略编辑器"窗口，双击右侧"策略"窗口中"帐户：使用空密码的本地账户只允许进行控制台登录"选项，弹出"帐户：使用空密码的本地账户只允许进行控制台登录属性"对话框，如图 3-5 所示。选择"已禁用"单选项，然后单击"确定"按钮即可。

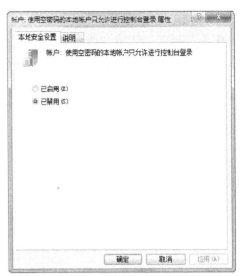

图 3-4 帐户：来宾账户状态属性　　　图 3-5 帐户：使用空密码的本地账户只允许

进行控制台登录属性

2. 查看本地计算机的 IP 地址和子网掩码

具体操作步骤如下：

① 单击任务栏中的"开始"按钮，在弹出的"开始"菜单中选择"控制面板"命令。在打开的控制面板窗口中选择"网络和共享中心"选项，打开"网络和共享中心"窗口，如图 3-6 所示。

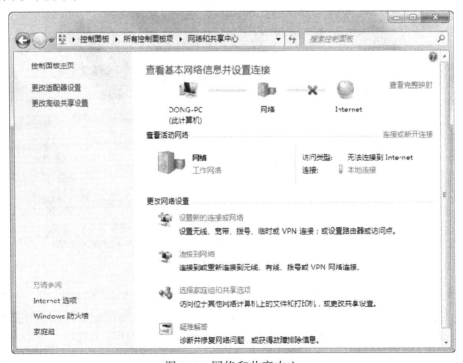

图 3-6 网络和共享中心

② 选择"本地连接"命令，弹出"本地连接状态"对话框，如图 3-7 所示。

③ 单击"详细信息"按钮，查看 IP 地址和子网掩码。

3. 使用 ping 命令判断网络是否连通

"ping"命令可以检查网络是否连通，用于分析判定网络故障。"ping"命令的使用格式是"ping 目标地址"，其中"目标地址"可以是 IP 地址、域名或者目的计算机的计算机名。具体操作步骤如下：

① 选择"开始"→"所有程序"→"附件"→"命令提示符"命令，打开"命令提示符"窗口，如图 3-8 所示。

图 3-7 "本地连接状态"对话框

图 3-8 命令提示符

② 输入"ping 127.0.0.1"，按【Enter】键确认。"127.0.0.1"是回送地址，指本地计算机。如果统计信息中数据包 0% 丢失，则表示本机 TCP/IP 协议正常，如图 3-9 所示。

图 3-9　ping 127.0.0.1

③ 输入 "ping 202.204.176.199"，按【Enter】键确认。如果统计信息中数据包 100% 丢失，表示本机不能连通目标计算机，如图 3-10 所示。

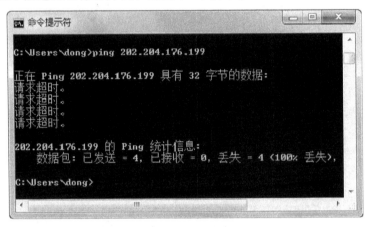

图 3-10　ping 202.204.176.199

 提高练习

1. 通过网络使用共享资源

实验要求：通过 "网络" 下载共享文件夹下的文本文件，再上传一个文本文件至此共享文件夹中。

操作提示：

在桌面上打开 "网络"，双击打开相邻同学的计算机，查看其共享文件夹中的内容。拷贝其中的文件至本地计算机中，同时拷贝一个新的文本文件至此文件夹中。

2. 使用 "ipconfig" 命令

打开 "命令提示符" 窗口，如图 3-8 所示，输入 "ipconfig"，按【Enter】键确认后查看结果。

实验 3-2 Internet 的应用

实验目的

● 掌握浏览器的使用方法。
● 掌握搜索引擎的使用方法。

实验内容与操作指导

1. 浏览器的基本使用

浏览器的基本使用步骤如下：

① 启动浏览器。在 Windows 桌面或快速启动栏中，单击图标 📧，启动 IE 浏览器。

② 输入网页地址。在 IE 窗口的地址栏输入要浏览页面的统一资源定位器（Uniform Resource Locator，URL），按下【Enter】键，等待出现浏览页面的内容。例如，在地址栏输入首都医科大学主页地址 http://www.ccmu.edu.cn/)，IE 浏览器将打开首都医科大学的主页，如图 3-11 所示。

图 3-11　用 IE 打开浏览页面

③ 网页浏览。在 IE 浏览器打开的页面中，包含有指向其他页面的超链接。当将鼠标光标移动到具有超链接的文本或图像上时，鼠标指针会变为手的形状"🖑"，单击鼠标左键，将打开该超链接所指向的网页。根据网页的超链接，即可进行网页的浏览。

④ 保存当前网页信息。鼠标单击 IE 窗口右上侧的"工具"图标 ⚙，在弹出的下拉菜单中选择"文件"子菜单中的"另存为"命令，弹出"保存网页"对话框，选择文件存放的位置，在"文件名"后的文本框中输入保存的名称，如图 3-12 所示；单击"保存"按钮，将当前网页保存到本地计算机。

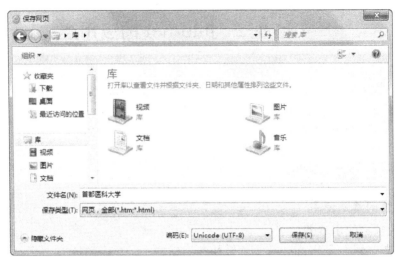

图 3-12　网页文件保存对话框

⑤ 保存图像或动画。比如在首都医科大学主页上选择校训图片，右击，在弹出的快捷菜单中选择"图片另存为"命令，弹出"保存图片"对话框，选择文件存放的位置，在"文件名"后的文本框中输入保存的名称，单击"保存"按钮，将选择的图片保存到本地计算机。

2．Internet 信息搜索

利用 Internet 查找关于"脑卒中（stroke）"的诊断、治疗方法及最新的医学研究进展。面对 Internet 上的海量信息，可以通过多种方式获取相关信息，下面介绍几种常用的方法。

（1）网页搜索

利用百度（http://www.baidu.com/）、搜狗搜索（http://www.sogou.com/）等搜索引擎可以进行网页信息的搜索。在 IE 浏览器中打开百度，在搜索框内输入关键字"脑卒中"按【Enter】键确认，搜索引擎会将有关"脑卒中"的网页列出来，如图 3-13 所示。

图 3-13　百度搜索结果

（2）网络百科全书

利用百度百科（http://baike.baidu.com/）、维基百科（http://zh.wikipedia.org/）搜索与"脑卒中（stroke）"相关的知识。

百度百科是百度为网友提供的信息存储空间，是一部内容开放、自由的网络百科全书。百度百科本着平等、协作、分享、自由的互联网精神，提倡网络面前人人平等，所有人共同协作编写百科全书，让知识在一定的技术规则和文化脉络下得以不断组合和拓展。

维基百科是一个自由内容、公开编辑且多语言的网络百科全书协作计划，通过 Wiki技术使得所有人都可以简单地使用网页浏览器修改其中的内容。

（3）论坛提问

访问互动问答平台提出问题，下面列出常用的论坛网页：

① 百度知道（http://zhidao.baidu.com/）。

② 新浪爱问知识人（http://iask.sina.com.cn/）。

③ 专业的医药交流平台如丁香园（http://www.dxy.cn/bbs/）。

④ 好大夫在线（http:// www.haodf.com/）。

（4）专业网络数据库

利用中国知网（http://www.cnki.net/）、万方数据库（http://www.wanfangdata.com.cn/）检索关于"脑卒中（stroke）"的相关文献。

 提高练习

登录自己的电子邮箱，给老师发送一封邮件。

要求：

① "主题"填写自己的学号和姓名。

② "附件"为学校的校徽图片。

自测题3

一、单项选择题

1. Internet 又称（   ）。

    A. 城域网   B. 国际互联网络或因特网

    C. 国际联网   D. 计算机网络系统

2. 下列介质不属于无线通信媒体的是（   ）。

    A. 微波通信   B. 光纤   C. 红外通信   D. 激光

3. 超文本的含义是（   ）。

    A. 该文本中包含有图像   B. 该文本中包含有声音

    C. 该文本中包含有二进制字符   D. 该文本中有链接到其他文本的链接点

4. 国际标准化组织 ISO 定义的一种国际性计算机网络体系结构是（   ）。

    A. TCP／IP   B. OSI （开放系统互联参考模型）

    C. SNA   D. DNA

5．HTTP 是一种（　　　　）。

    A．高级程序设计语言　　　　　　　B．超文本传输协议

    C．域名　　　　　　　　　　　　　D．网址

6．计算机网络最突出的优点是（　　　　）。

    A．运算速度精确　B．资源共享　　C．运算速度快　　　　D．存储容量大

7．HTML 的中文全称为（　　　　）。

    A．主要工作语言　　　　　　　　　B．超文本标识语言

    C．WWW　　　　　　　　　　　　D．INTERNET 编程应用语言

8．建立计算机网络的基本目的是实现数据通信和（　　　　）。

    A．发送电子邮件　B．数据库服务　　C．下载文件　　　　D．资源共享

9．下列不属于按地理范围分类的计算机网络是（　　　　）。

    A．局域网　　　　　B．城域网　　　　C．广域网　　　　　D．微型网

10．用于在 Internet 上将标识计算机的域名转换成对应的 IP 地址的是（　　　　）。

    A．域名服务器　B．数据服务器　　C．文件服务器　　　D．邮件服务器

11．FTP 协议是 TCP/IP 协议族中的一个，它是为提供（　　　　）服务而设计的。

    A．远程登录　　　B．文件传输　　　C．电子邮件　　　　D．超文本浏览

12．关于因特网中主机的 IP 地址，下列叙述不正确的是（　　　　）。

    A．IP 地址是由用户自己随意设定的

    B．每台主机至少有一个 IP 地址

    C．Internet 中每台主机的 IP 地址必须是唯一的

    D．IPv4 地址是由 32 位二进制数组成

13．关于网络协议，下列（　　　　）选项是正确的。

    A．是网民们签订的合同

    B．协议，简单地说就是为了网络信息传递共同遵守的约定

    C．TCP/IP 协议只能用于 Internet，不能用于局域网

    D．拨号网络对应的协议是 IPX/SPX

14．Internet 的核心协议是（　　　　）。

    A．X.25　　　　　　B．TCP/IP　　　　C．ICMP　　　　　D．UDP

15．接入 Internet 的每一台主机都有一个唯一的可识别地址，称为（　　　　）。

    A．URL（统一资源定位）　　　　　B．TCP 地址

    C．IP 地址　　　　　　　　　　　D．域名

16．域名"ftp.beijing.gov.cn"中代表计算机名的是（　　　　）。

    A．cn　　　　　　　B．beijing　　　　C．gov　　　　　　D．ftp

17．主机域名"www.xjnzy.edu.cn"由四个子域组成，其中（　　　　）表示顶级域名。

    A．www　　　　　　B．edu　　　　　　C．xjnzy　　　　　D．cn

18．下面对"mail.tsinghua.edu.cn"的描述不正确的是（　　　　）。

    A．cn 是一级域名，表示中国　　　　B．edu 是二级域名，表示教育类网站

    C．tsinghua 是申请的实际应用域名　D．mail 表示邮箱协议

19．统一资源定位器的英文缩写是（　　　　）。

    A．HTTP　　　　　　B．URL　　　　　　C．TELNET　　　　D．FTP

20．以下地址中哪个是合法的 IP 地址（　　　）。

    A．239.89.90.345　　　　　　　　　B．202.201.525.1

    C．255.255.255.0　　　　　　　　　D．0.789.234.1

21．在 Internet 主机域名结构中，代表商业组织机构的子域名称是（　　　）。

    A．com　　　　　B．gov　　　　　C．org　　　　　D．edu

22．在 Internet 中，主机的 IP 地址与域名的关系是（　　　）。

    A．IP 地址是域名中部分信息的表示

    B．IP 地址和域名是等价的

    C．域名是 IP 地址中部分信息的表示

    D．IP 地址和域名分别表示不同含义

23．在 Internet 中，IPv4 地址的长度占（　　　）位二进制。

    A．10　　　　　B．16　　　　　C．8　　　　　D．32

24．一台计算机如果要利用电话线上网，就必须配置能够对数字信号和模拟信号进行互相转换的设备，这种设备是（　　　）。

    A．路由器　　　　B．调制解调器　　　　C．网卡　　　　D．网关

25．简写英文（　　　）代表局域网。

    A．URL　　　　　B．ISP　　　　　C．WAN　　　　　D．LAN

26．计算机局域网有星型网和环形网之分，其划分依据是（　　　）。

    A．通信传输的介质　　　　　　　　B．网络拓扑结构

    C．信号频带的占用方式　　　　　　D．通信的距离

27．一座大楼内的一个计算机网络系统，属于（　　　）。

    A．PAN　　　　　B．LAN　　　　　C．MAN　　　　　D．WAN

28．下面关于接入 Internet 方式的描述正确的是（　　　）。

    A．只有通过局域网才能接入 Internet

    B．只有通过拨号电话线才能接入 Internet

    C．可以有多种接入 Internet 的方式

    D．不同的接入方式享有完全相同的 Internet 服务

29．下列设备中不属于局域网通信设备的是（　　　）。

    A．中继器　　　　B．集线器　　　　C．拨号软件　　　　D．路由器

30．通过 Internet 发送或接收电子邮件（E-mail）的首要条件是应该有一个电子邮件（E-mail）地址，它的正确形式是（　　　）。

    A．用户名@域名　　　　　　　　　B．用户名#域名

    C．用户名/域名　　　　　　　　　D．用户名.域名

31．如果收件人的计算机没有打开，电子邮件将（　　　）。

    A．退回给发信人

    B．保存在 ISP 邮件服务器

    C．会不间断的重发，直到收件人开机为止

    D．发生丢失永远也收不到

32．在电子邮件收发中，POP3 服务器是（　　　）。

    A．接收电子邮件服务器　　　　　　B．发送电子邮件服务器

C．两者都不是　　　　　　　　　D．电子邮件存储服务器

33．单击 IE 工具栏中"刷新"按钮，下面正确的描述是（　　　　）。

　　A．可以更新当前显示的网页　　　B．可以中止当前显示的传输，返回空白页面

　　C．可以更新当前浏览器的设定　　D．以上都不对

34．当收发电子邮件时，由于（　　　）原因，可能会导致邮件无法发出。

　　A．接收方计算机关闭

　　B．邮件正文是 Word 文档

　　C．发送方的邮件服务器关闭

　　D．接收方计算机与邮件服务器不在一个子网

35．Internet 提供的服务有很多，（　　　）表示电子邮件。

　　A．E-mail　　　　B．FTP　　　　　　C．WWW　　　　D．BBS

36．下列电子邮件地址，哪个是正确的（　　　　）。

　　A．chen@hotmail.com　　　　　　　B．162.105.111. 22

　　C．ccf.edu.cn　　　　　　　　　　D．http://www.sinA. com

37．关于迅雷不正确的说法是（　　　　）。

　　A．它是一种常用的下载工具

　　B．它不支持多线程下载

　　C．它支持断点续传

　　D．它支持批量下载

38．下面列举的四个工具软件中，（　　　）是下载软件的。

　　A．winzip　　　　B．winrar　　　　　C．迅雷　　　　D．暴风影音

39．下列关于临时文件夹叙述不正确的是（　　　　）。

　　A．用户在网上浏览时，系统会在临时文件夹中将浏览的页面存储起来

　　B．临时文件夹是在硬盘上存放网页和文件的地方

　　C．用户可以通过临时文件夹打开网页，提高访问速度

　　D．临时文件夹中的信息不允许用户自行修改

40．下列叙述正确的是（　　　　）。

　　A．历史记录的天数可以自定义修改

　　B．历史记录的信息不可以清除

　　C．地址栏中的内容是以 HTML 的形式给出的

　　D．收藏夹收藏的网页在关机后会自动删除。

41．关于 WWW 服务叙述不正确的是（　　　　）。

　　A．WWW 又称环球信息网，简称 Web

　　B．它是 World Wide Web 的简称

　　C．它是基于 http 协议的

　　D．主要采用纯文本形式进行信息的存储和传递

42．URL 的含义是（　　　　）。

　　A．信息资源在网上什么位置和如何访问的统一描述方法

　　B．信息资源在网上什么位置及如何定位寻找的统一描述方法

　　C．信息资源在网上业务类型和如何访问的统一方法

D．信息资源的网络地址的统一描述方法

二、填空题

1．计算机网络 IP 地址有两个版本，IPv4 用_____位二进制表示 IP 地址，IPv6 用_____位二进制表示 IP 地址。

2．域名服务器的英文缩写是_____。

3．写出下面缩写的中文含义：LAN：_____，http：_____。

4．按照网络的地域覆盖范围，计算机网络可划分为_____、_____、和_____。

三、简答题

1．什么是计算机网络？计算机网络的主要功能是什么？

2．写出 4 种接入 Internet 的方式。

3．写出 3 种下载工具的名称。

4．按照网络的体系结构中的 OSI 七层协议填写图 3-14。

表示层

会话层

传输层

网络层

数据链路层

图 3-14　OSI 七层协议图

5．简述计算机网络的构成，并写出每一部分的具体含义。

6．简述 IP 地址和域名的含义，并叙述它们之间的关系。

第4章

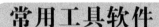

常用工具软件

导读

　　本章主要包含 4 个实验内容。实验 4-1 的内容包括用 WinRAR 软件创建压缩文件、自解压文件和设置了密码的压缩文件、将文件解压到指定位置写。实验 4-2 的内容包括用 Snagit 软件捕获需要的屏幕内容以及捕获超出屏幕宽度的屏幕内容。实验 4-3 的内容包括用 Acrobat 软件创建 PDF 文件以及创建具有一定限制的 PDF 文件。实验 4-4 通过一个完整的视频制作实例学习会声会影视频编辑软件的使用及视频的制作过程。

实验 4-1　文件的压缩与解压缩

实验目的

● 掌握 WinRAR 进行文件压缩和解压缩的基本方法。

实验内容与操作指导

1．创建压缩文件

将 C:盘中的所有文本文件创建为一个压缩文件，压缩文件名为"我的文本文件"。

具体的操作步骤为：

① 在 C:盘文件夹窗口的搜索框中输入"*.txt"，查找所有的文本文件。

② 将找到的所有文件全选，复制到 D:盘的"我的文本文件"文件夹中。

③ 打开 D:盘文件夹窗口，在"我的文本文件"文件夹上右击，在弹出的快捷菜单中选择"添加到'我的文本文件.rar'"命令。

2．创建自解压文件

将图片库中的示例图片创建为一个自解压文件，默认自动解压到"D:\MyPic"文件夹中。

具体的操作步骤为：

① 打开示例图片窗口，选中所有示例图片，在选定的文件上右击，在弹出的快捷菜单

中选择"添加到压缩文件"命令。

② 在"压缩文件名和参数"对话框中，设置压缩文件名为"示例图片"；选中"压缩选项"中"创建自解压格式压缩文件"复选框。

③ 单击"高级"选项卡，单击"自解压选项"按钮，在"高级自解压选项对话框"中"常规选项卡"下"解压路径"文本框中输入"D:\MyPic"。

④ 单击"模式"选项卡，选择"安静模式"选项组中"全部隐藏"命令。单击"确定"按钮，完成"高级自解压选项"对话框的设置。

⑤ 单击"压缩文件名和参数"对话框中的"确定"按钮，完成自解压文件的创建。

3．设置压缩密码

将素材文件"离我们最近的十大医学突破.docx"压缩成"十大医学突破.rar"，压缩时设置压缩密码，并且在压缩注释中提示解压缩密码。

具体的操作步骤为：

① 打开素材文件夹窗口，在"离我们最近的十大医学突破.docx"文件上右击，在弹出的快捷菜单中选择"添加到压缩文件"。

② 在"压缩文件名和参数"对话框中的"常规"选项卡，在文件名中输入"十大医学突破"；然后单击"设置密码"按钮，两次输入密码"12345678"后确定返回。

③ 单击"注释"选项卡，在"手动输入注释内容"文本框中输入"解压缩密码：12345678"。最后单击"确定"按钮，完成压缩文件的创建。

4．解压文件

将"十大医学突破.rar"压缩文件中的文件解压到"文档库"中。

具体的操作步骤为：

① 双击"十大医学突破.rar"文件，打开 WinRAR 压缩文件管理窗口。

② 单击"解压缩"按钮，在弹出的"解压路径和选项"对话框中选择目标路径为"文档库"。

③ 单击"确定"按钮，在弹出的"输入密码"对话框中，输入"12345678"，单击"确定"按钮，完成文件的加压操作。

④ 单击关闭按钮，关闭 WinRAR 的压缩文件管理器。

实验 4-2　图　像　截　取

实验目的

● 掌握 Snagit 截取图像和视频的基本操作。

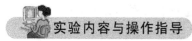

实验内容与操作指导

1．利用 Snagit 的预设方案捕获屏幕

具体的操作步骤为：

① 选择"开始"→"所有程序"→TechSmith→Sangit 11 命令，运行 Snagit。

② 选择"省时配置"中"插入到 Word 带边框"预设选项，"共享"选择"无"。

③ 启动"写字板"程序，输入学号和姓名，然后打开桌面上的"计算机"图标，让屏

幕上几个程序窗口都处于还原状态。

④ 单击"捕获按钮"，移动鼠标，单击捕获"写字板"文档窗口（不包括标题栏、菜单和工具栏）。

⑤ 保存捕获的窗口内容为"写字板文档.png"。

2. 延迟捕获超过屏幕范围的窗口内容

具体的操作步骤为：

① 打开 IE 浏览器，用百度搜索引擎搜索 Snagit。

② 打开 Snagit 主界面。

③ 单击"捕获类型"的下拉按钮，在下拉菜单中选择"滚动"命令。共享和效果均设置为无。

④ 设置延时 10 s 捕获。

⑤ 单击"捕获按钮"，开始捕获。

⑥ 在延时捕获的 10 s 时间内，将窗口切换到 IE 浏览器窗口的百度搜索结果页。

⑦ 屏幕下方出现一个橙色的上下双箭头按钮，单击按钮开始滚动捕获。

⑧ 保存捕获的窗口内容为"搜索 snagit.png"。

 提高练习

将"延时捕获超过屏幕范围的窗口内容"实验的操作过程录制成视频格式。

提示：录制的范围选择整个屏幕。

实验 4-3　创建 PDF 文件

 实验目的

● 掌握 Acrobat 创建 PDF 文件的基本方法。

实验内容与操作指导

1. 将素材文件创建为 PDF 文件

将素材文件"离我们最近的十大医学突破.docx"创建为"十大医学突破.pdf"。

具体的操作步骤为：

① 启动 Adobe Acrobat，选择"任务窗格"中"创建 PDF"命令。

② 在"打开"文件窗口中，找到素材文件"离我们最近的十大医学突破.docx"，单击"打开"按钮，完成 PDF 文件的创建。

③ 在 Acrobat 中，选择"文件"→"保存"命令，保存位置选择桌面，文件名输入"十大医学突破"，将生成的 PDF 文件以"十大医学突破"为文件名保存到桌面。

2. 将多个文件合并创建为一个 PDF 文件，并且设置文档密码以限制从中复制内容

具体的操作步骤为：

① 启动 Adobe Acrobat，选择"任务窗格"中"创建 PDF"命令。

② 在"创建 PDF——从任意格式创建 PDF"向导中，选择"多个文件"→"合并文件"命令，单击"下一步"按钮。

③ 在"合并文件"对话框窗口中，单击左上角的"添加文件"按钮，依次将素材文件"离我们最近的十大医学突破.docx""编辑 PDF 文档.bmp""教材选用.xlsx"添加到窗口内。

④ 单击"合并文件"按钮，完成将多个文件合并为一个 PDF 文件的创建。

⑤ 选择"文件"→"保存"命令，将合并后的 PDF 文件保存到 D:盘中。

⑥ 选择"任务窗格"→"保护"命令，选择"保护"工具栏中"加密"下拉列表中的"使用口令加密"命令，在弹出的"确认应用新的安全性设置"对话框中单击"是"按钮。

⑦ 打开"口令安全性-设置"对话框，如图 4-1 所示。

图 4-1　口令安全性–设置

⑧ 勾选"许可"中"限制文档编辑和打印，改变这些许可设置需要口令"复选框，选择"允许更改"下拉列表框中"除了提取页面"选项，"更改许可口令"文本框中输入"12345678"，单击"确定"按钮。

⑨ 在弹出的"确认文档许可口令"对话框中再次输入"12345678"，单击"确定"按钮，完成安全性设置。

⑩ 选择"文件"→"保存"命令，保存 PDF 文件的设置。

实验 4-4　音视频编辑与制作

　实验目的

● 掌握会声会影创建视频的基本过程和基本操作。

　实验内容与操作指导

将实验素材中"上丘脑.mp4""下丘脑.mp4""上丘脑.wav""下丘脑.wav"和"大脑半

球.png"五个素材创建成一个关于上丘脑和下丘脑的教学视频，删除中间有错误或不足的内容，插入标题和转场等效果。

具体的操作过程如下：

1．创建并保存项目文件

① 运行会声会影 X5，选择"文件"菜单→"新建项目"命令，创建一个新项目。

② 选择"设置"菜单→"项目属性"命令，打开"项目属性"对话框。在"主题"文本框中输入"上丘脑和下丘脑"，选择"编辑文本格式"为"Microsoft AVI files"，单击"确定"按钮。

③ 选择"文件"菜单→"保存"命令，打开"另存为"对话框，将项目保存在 D:盘，文件名为"上丘脑和下丘脑.VSP"。

2．导入素材

① 单击"编辑"按钮，切换至视频编辑界面。

② 单击素材库面板中"添加"按钮，添加一个"文件夹"，右击"文件夹"，选择"重命名"命令，输入"视频素材"。用同样的方法，再创建出"音频素材"和"图像素材"两个文件夹。

③ 选择"视频素材"文件夹，单击"导入媒体文件"按钮，将"实验素材"文件夹中"上丘脑.mp4"和"下丘脑.mp4"添加到视频素材文件夹中。同样，将"上丘脑.wav"和"下丘脑.wav"两个文件添加到音频素材文件夹中；将"大脑半球.png"图像添加到图像素材文件夹中。

3．音、视频编辑

① 将视频素材中的"上丘脑.mp4"拖动到"视频轨"。

② 单击"播放按钮"预览视频。

③ 调整时间轴工具栏中缩放控件，将时间轴放大，鼠标拖动滑轨到 00:00:40:25 剪辑位置。在视频轨上右击，选择"分割素材"命令，将"上丘脑.wav"素材从滑轨位置分割为两个素材。注意，此时素材源文件并没有被分割。

④ 选择"视频轨"上第一段视频素材，单击【Delete】键，删除该素材。

⑤ 音频素材中"上丘脑.wav"拖动到"声音轨"。

⑥ 按【Ctrl+A】组合键选择全部素材，单击"播放"按钮，可预览所有轨道上素材叠加后的效果。

⑦ 参考第③步的操作过程，将视频和声音在 00:00:23:17 和 00:00:41:00 位置进行分割，并删除中间部分的视频和声音。

⑧ 将图像素材中"大脑半球.png"拖动到视频轨的起始位置，选定图像素材，打开素材库面板中的"选项"选项卡，调整照片的区间为 00:00:07:00，即设置图片的显示时间为 5 s。

4．添加单个标题

① 在素材库面板单击"标题"按钮，在预览窗口中双击"双击这里可以添加标题"字样，输入"上丘脑和下丘脑"，设置样式为 AA。在"编辑"选项卡中设置区间长度为 3 s。

② 选择"标题"素材，右击，在右侧复制一个"标题"素材。

③ 双击"标题轨"上的第一个标题素材，选定标题素材，选择素材库面板"选项"面

板的"属性"选项卡，选择"动画"单选按钮，选择"应用"复选框。设置动画为"弹出"动画类型的第二种动画效果。设置第二个标题素材的动画效果为"淡出"动画类型的第六种动画效果。

5. 添加转场

① 将"视频素材"文件夹中的"下丘脑.mp4"文件拖动到视频轨的最后位置。

② 单击"时间轴面板"中"故事板视图"按钮，切换到故事板视图。

③ 单击素材库面板中"转场"按钮，将"3D"转场样式中的"外观"效果拖动到第一个和第二个缩略图之间；将"3D"转场样式中的"手风琴"效果拖动到第三个和第四个缩略图之间。

6. 添加音频

① 将"音频素材"文件夹中的"下丘脑.wav"拖动到"声音轨"。

② 拖动"上丘脑"的音频素材，使其从 00:00:07:00 位置开始，并删除 00:03:43:00 剪辑点以后的音频。

③ 拖动"下丘脑.wav"音频素材位置，使其从视频轨的 00:03:51:22 位置开始。

7. 输出视频

① 单击"分享"按钮，切换到"分享"界面。

② 单击"创建视频文件"→"自定义"命令，打开"创建视频文件"对话框，文件类型选择"MPEG-4 文件"类型，保存在 D:盘，文件名为"上丘脑和下丘脑"，单击"选项"按钮，打开视频保存选项。

③ 在"视频保存选项"的"压缩"选项卡中，设置视频类型为"H.264-MAIN"，其余选择默认设置；在"常规"选项卡中，设置"帧速率"为"25.000帧/秒"，"帧大小"设置为"标准"中"640×480"，单击"确定"按钮，完成参数设置。

④ 单击"保存"按钮，输出视频文件。

自测题 4

一、单项选择题

1. WinRAR 可用于（   ）。

    A. 压缩文档   B. 浏览图片   C. 制作表格   D. 播放电影

2. 下列文件格式中属于压缩文档的是（   ）。

    A. XLS   B. Zip   C. JPG   D. MID

3. WinRAR 不能对（   ）文件进行解压缩。

    A. Office 2010.rar   B. System.cab

    C. 图像.avi   D. Office 2010.zip

4. 以下属于 WinRAR 功能的是（   ）。

    A. 创建 PDF 文件   B. 创建自解压文件

    C. 创建视频文件   D. 创建可执行文件

5. 在 WinRAR 的压缩方式中有如下几个选项：储存、最快、较快、标准、较好、最好，其中压缩率最高的选项是（   ）。

A．储存   B．较快   C．标准   D．最好

6．WinRAR 在解压文件时，对于已经存在的文件的覆盖方式不包含（　　　）。

    A．覆盖前询问   B．删除

    C．自动重命名   D．跳过已经存在的

7．WinRAR 不能进行（　　　）压缩。

    A．固实   B．分卷   C．加密   D．杀毒

8．Snagit 不能捕获的类型是（　　　）。

    A．图像   B．视频   C．音频   D．文本

9．使用 Snagit 抓取不规则形状的素材时，可使用（　　　）抓图方式。

    A．自由绘制   B．区域   C．多区域   D．全屏幕

10．使用 Snagit 进行屏幕捕获时，如果希望捕捉一个菜单的一部分菜单选项，应该使用（　　　）捕获类型。

    A．区域   B．窗口   C．菜单   D．滚动

11．以下不属于 Snagit 具有的功能的是（　　　）。

    A．捕获图像   B．编辑图像   C．压缩图像   D．保存图像

12．利用 Acrobat 创建文件，其默认扩展名是（　　　）。

    A．RAR   B．JPG   C．MPG   D．PDF

13．Acrobat 不能将 PDF 文件导出为（　　　）格式文件。

    A．RTF 格式   B．MOV   C．Word   D．Excel

14．会声会影将视频的制作过程分成了三个主要步骤，不属于三个步骤的是（　　　）。

    A．导入   B．捕获   C．编辑   D．分享

15．我国电视信号采用的是（　　　）制式。

    A．NTSC   B．PAL   C．SECAM   D．AVI

16．（　　　）不属于视频文件格式。

    A．WMA   B．AVI   C．MOV   D．WMV

17．能够添加到时间轴面板中的素材包括（　　　）。

    A．Word 文档   B．Excel 文档   C．PowerPoint 文档   D．字幕

18．要在两段视频之间添加一种过渡效果，应选择（　　　）效果。

    A．滤镜   B．覆叠   C．转场   D．标题

19．以下不属于会声会影中时间轴面板的是（　　　）。

    A．视频轨   B．覆叠轨   C．字幕轨   D．标题轨

二、填空题

1．WinRAR 具有两种工作模式：_____和_____。

2．Snagit 默认的捕获屏幕的按键是_____。

3．会声会影的时间轴面板中包含视频轨_____、_____、_____和音乐轨五种。

4．目前各医院用于进行各种医疗信息管理的平台称为_____。

5．在数据处理过程中，常用的数据统计分析的软件有_____和_____。

第5章

文字处理软件 Word 2010

导读

本章主要包含3个实验内容。实验5-1是 Word 的基本操作,包括 Word 的启动和退出、字符和段落的格式化、查找和替换、页面布局和打印等。实验5-2是图文混排,包括图片、形状、SmartArt 图形、文本框和公式的插入和格式化等操作。实验5-3是表格的制作及高级应用,要求掌握表格的创建、编辑和格式化的方法,掌握自动生成目录的方法并了解表格中简单计算的方法。

实验 5-1　Word 的基本操作

实验目的

- 掌握 Word 启动与退出、打开、保存和加密文档等操作。
- 掌握文本的选定、移动、复制、删除和查找替换等操作。
- 掌握文本、段落的格式设置,添加项目符号和编号等操作。
- 掌握页面设置、页眉页脚的插入、打印预览与打印设置。

实验内容与操作指导

1. Word 的启动和退出

(1) Word 的启动

可以通过以下几种方法启动 Word:

① 选择“开始”→“所有程序”→Microsoft Office→Microsoft Word 2010 命令。

② 双击桌面上“Microsoft Office Word 2010”快捷方式图标。

③ 双击已创建的文档。

（2）Word 的退出

可以通过以下几种方法退出 Word：

① 单击 Word 窗口标题栏右上角的"关闭"按钮。

② 双击 Word 窗口标题栏左侧的"控制菜单"图标🔟，或单击"控制菜单"图标，在弹出的快捷菜单中选择"关闭"命令。

③ 右击窗口顶部的标题栏，在弹出的快捷菜单中选择"关闭"命令。

④ 选择"文件"→"退出"命令。

⑤ 按【Alt+F4】组合键。

2．文本的输入、移动、复制和删除

（1）文档的创建和重命名

具体操作步骤如下：

① 在桌面或文件夹的空白区域右击，在弹出的快捷菜单中选择"新建→Microsoft Office Word 2010 文档"命令，桌面上会出现一个名为"新建 Microsoft Office Word 2010 文档.docx"的空白文档，将其重命名为"华佗五禽戏.docx"。

② 在文档"华佗五禽戏.docx"中输入以下内容：

华佗五禽戏

华佗五禽戏是由东汉末年著名医学家华佗根据中医原理，以模仿虎、鹿、熊、猿、鸟等五种动物的动作和神态编创的一套导引术，动作柔和。每种练习所起的功效有所侧重，经常练习华佗五禽戏对人体健康大有裨益。

练熊戏，调理脾胃。

练虎戏，缓解腰背痛。

练鹿戏，缩减腰围。

练猿戏，增强心肺功能。

练鸟戏，预防关节炎。

现代医学研究也证明，作为一种医疗体操，华佗五禽戏不仅使人体的肌肉和关节得以舒展，而且有益于提高肺与心脏功能，改善心肌供氧量，提高心肌排血力，促进组织器官的正常发育。华佗五禽戏的显著功效说明了生命在于运动。

（2）移动、复制和删除文本

具体操作步骤如下：

① 文本中"五禽戏"一词出现多次，可以采用复制的方法进行输入。步骤如下：将光标定位在"五禽戏"一词处，双击即可选定该词，按住【Ctrl】键，将所选取的文本拖动到目标位置。

② 选中文本中的第一段。可将光标放在第一段前，按住鼠标左键不放，拖动，到该段结尾处释放鼠标。也可以把光标定位在该段的任何位置，三击鼠标。也可以将光标移至该段落的左侧，当鼠标指针变成一个指向右上方的箭头⤴时，双击即可选取该段。

③ 将第一段移动到文档的最后。单击"开始"选项卡上"剪贴板"组中的"剪切"按钮 ✂ 剪切，或使用【Ctrl+X】组合键，将光标定位在文档的末尾处，单击"剪贴板"组中的"粘贴"按钮 📋，或使用【Ctrl+V】组合键，可完成该段的移动。也可以按住鼠标左键，直

接将选定的文本拖动到文档的末尾。

④ 撤销操作。单击"快速访问工具栏"中的"撤销"按钮 ↺，撤销刚才的移动操作。

⑤ 删除最后一句。将光标定位在最后一句，按住【Ctrl】键单击即可选定该句，按【Delete】键或【Backspace】键可将其删除。

⑥ 选择"文件"→"保存"命令。

（3）文档的加密

具体操作步骤如下：

① 选择"文件"→"另存为"命令，弹出"另存为"对话框。

② 在"另存为"对话框中，选择"工具"下拉列表中的"常规选项"命令，弹出"常规选项"对话框。

③ 在"打开文件时的密码"文本框中输入设置的密码，单击"确定"按钮。

④ 重复上述步骤，将"打开文件时的密码"输入框中的密码删除，单击"确定"按钮，即取消了密码的设置。

注意：如果设置的密码被遗忘，则无法恢复，需谨慎。

3. 设置文档"华佗五禽戏.docx"中的字符和段落格式

（1）设置字符格式

具体操作步骤如下：

① 选中标题"华佗五禽戏"，在"开始"选项卡"字体"组中，选择"字号"下拉列表中的"小初"选项，选择"以不同颜色突出显示内容"下拉列表中的"黄色"选项，单击"拼音指南"按钮 雯，弹出"拼音指南"对话框，在对话框中依次单击"组合"按钮和"确定"按钮。

② 在正文开始处单击，按住【Shift】键的同时在文档的末尾处再次单击即可选取正文部分。在"开始"选项卡"字体"组中，选择"字体"下拉列表中的"宋体"选项，字号设置为"小三"号。

③ 选取第一自然段第一句中的文字"虎"，参照步骤②将其字体设置为"华文隶书"。选择"字体颜色"下拉列表中的"绿色"选项，单击"加粗"按钮 **B**。

④ 双击"开始"选项卡上"剪贴板"组中的"格式刷"按钮 ✔格式刷，鼠标指针变成刷子形状 ▲ᶦ，选取文档中的文本"鹿"，释放鼠标，则文本"鹿"设置成与步骤③中设置的文本"虎"一样的格式。

⑤ 继续使用格式刷，将其分别应用到文档中所有"虎、鹿、熊、猿、鸟"的文字上的。

⑥ 再次双击"格式刷"按钮，鼠标指针变回正常的编辑状态。

注意：单击"格式刷"按钮，只能应用一次格式刷功能。

（2）设置段落格式

具体操作步骤如下：

① 按【Ctrl+A】组合键选中全文，单击"开始"选项卡上"段落"组中的"对话框启动器"按钮 ▣，弹出"段落"对话框，如图 5-1 所示。选择"特殊格式"下拉列表中的"首行缩进"，磅值默认为"2 字符"。在"间距"组中，段前、段后设置为"1 行"，选择"行距"下拉列表中的"1.5 倍行距"选项。

② 将光标定位于标题行，按照①中的步骤，将段前、段后间距设置为"2 行"，单击"开始"选项卡上"段落"组中的"居中"按钮将标题居中显示。

③ 将光标定位在第一自然段，选择"插入"选项卡上"文本"组中"首字下沉"下拉列表中的"下沉"选项。

④ 将光标定位在第二自然段，单击"开始"选项卡上"段落"组中的"分散对齐"按钮 **▦** 。

（3）添加项目符号或编号

具体操作步骤如下：

① 选取第 2 到第 6 自然段，在"开始"选项卡上的"段落"组中，选择"项目符号"下拉列表"项目符号库"中 ➤ 按钮。

② 将上述添加的项目符号删除，再次选中第 2 到第 6 自然段。

③ 在"开始"选项卡上的"段落"组中，选择"编号"下拉列表中的"定义新编号格式"选项，弹出"定义新编号格式"对话框。

④ 选择"编号样式"下拉列表中的"一，二，三（简）……"选项。在"编号格式"文本框中的"一"字前添加"第"字，如图 5-2 所示，单击"确定"按钮。

图 5-1 "段落"对话框

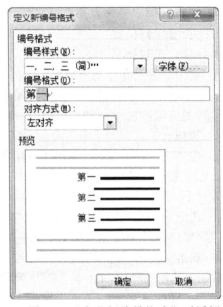

图 5-2 "定义新编号格式"对话框

4．查找和替换

（1）通过高级查找功能查找"华佗五禽戏.docx"文档中"段落标记"的个数。

① 选择"开始"选项卡上"编辑"组"查找"下拉列表中的"高级查找"命令，弹出"查找和替换"对话框。

② 单击对话框中的"更多"按钮，选择"查找"组中"特殊格式"下拉列表中的"段落标记"命令，"查找内容"文本框中即出现"^p"。

③ 选择"在以下项中查找"下拉列表中的"主文档"选项，对话框中显示"Word 找到 9 个与此条件相匹配的项"，如图 5-3 所示。

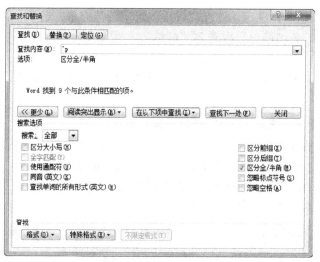

图 5-3 "查找和替换"对话框

（2）将"华佗五禽戏.docx"文档中的文本"五禽戏"替换为带格式的文本。

① 将光标定位到正文部分的初始位置，按住【Shift】键，在文档结尾处单击，即选取文档的正文部分。

② 按【Ctrl+H】组合键，弹出"查找和替换"对话框，切换到"替换"选项卡，在"查找内容"文本框中输入"五禽戏"，在"替换内容"文本框中输入"五禽戏"并选取该词。

③ 单击"更多"按钮，选择"格式"下拉列表中的"字体"选项，弹出"替换字体"对话框，将字体格式设置为"华文行楷、红色、加粗"，单击"确定"按钮。

④ 回到"查找和替换"对话框，单击"全部替换"按钮，在弹出的对话框中单击"确定"按钮，关闭"查找和替换"对话框。

5．为文档"华佗五禽戏.docx"中的文本添加边框和底纹

具体操作步骤如下：

① 选中正文第一自然段，在"开始"选项卡上"段落"组中，选择"边框和底纹"下拉列表中的"边框和底纹"命令，弹出如图 5-4 所示的对话框。

图 5-4 "边框和底纹"对话框

② 切换到"边框"选项卡，选择"设置"组中的"方框"选项，在"样式"下拉列表中选择第二种样式，将"颜色"设置为"红色"，"宽度"为"1.0"磅，在"应用于"组中选择"文字"。

③ 切换到"底纹"选项卡，将颜色设置为"浅蓝"，在"应用于"组中选择"段落"。

6. 对文档"华佗五禽戏.docx"进行页面设置

（1）设置分栏排版

① 将光标定位于最后一段，三击鼠标，即可选取该段

② 选择"页面布局"选项卡上"页面设置"组"分栏"下拉列表中的"更多分栏"命令，弹出"分栏"对话框，如图 5-5 所示。

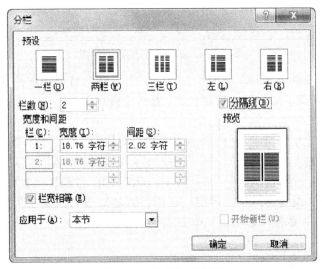

图 5-5 "分栏"对话框

③ 选择"预设"组中的"右（R）"命令，勾选"分隔线"复选框，单击"确定"按钮。

（2）设置页边距和背景。

① 单击"页面布局"选项卡上"页面设置"组中的"对话框启动器"按钮 ，弹出"页面设置"对话框，切换到"页边距"选项卡。

② 在"页边距"组中，设置上、下、左、右边距均为"3 厘米"，选择"应用于"下拉列表中的"整篇文档"命令，如图 5-6 所示，单击"确定"按钮。

③ 在"页面布局"选项卡上"页面背景"组中，选择"水印"下拉列表中的"严禁复制 1"命令。

④ 单击"页面背景"组中"页面边框"按钮，在弹出的"边框和底纹"对话框中，切换到"页面边框"选项卡，设置为"方框、虚线"，其他选项为默认参数值，单击"确定"按钮。

7. 为文档"华佗五禽戏.docx"添加页眉和页脚

① 双击文档第 1 页页面的顶部区域，进入"页眉"的编辑状态。

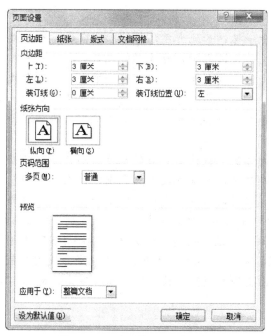

图 5-6 "页面设置"对话框

② 单击页眉和页脚工具"设计"选项卡上"插入"组中的"时间和日期"按钮，在弹出的"时间和日期"对话框中选择一种时间格式，并单击"开始"选项卡上"段落"组中的"右对齐"按钮 ≡。

③ 将光标移动到页面底部并单击，选择页眉和页脚"设计"选项卡上"页眉和页脚"组中"页码"下拉列表中的"页面底端"选项，在其子菜单中选择"带有多种形状"组中的"带状物"选项。

8．打印预览文档与打印

① 单击快速访问工具栏中的按钮 ，勾选"打印预览与打印"命令，单击快速工具栏中的"打印预览与打印"按钮 ，进入打印预览界面，或者通过选择"文件"选项卡上的"打印"命令进入打印预览的界面。

② 单击窗口右下角的 ◄ 和 ► 按钮进行翻页预览，并通过 70% ⊖ ─┼─ ⊕ 调节显示比例。

③ 在窗口的中间区域设置打印的份数、纸张方向和打印机等，设置完毕后，单击"打印"按钮。

 提高练习

创建新文档，并对其进行编辑

新建一个 Word 文档，命名为"'杏林'的由来.docx"，文档中输入以下文字：

"杏林"的由来

"杏林"一词是对医界的代用词，古今医者常以"杏林中人"自居。"杏林"典出三国时的神医董奉。

董奉，字君异，福建侯官（今福州）人，医技高超，与当时的华佗、张仲景齐名，号

称"建安三神医"。据《神仙传》卷十载："君异居山间，为人治病，不取钱物，使人重病愈者，使栽杏五株，轻者一株，如此十年，计得十万余株，郁然成林……"董奉曾长期隐居在江西庐山南麓，热忱地为山民诊病疗疾。他在行医时从不索取酬金，每当治好一个重病患者时，就让病家在山坡上栽五颗杏树；看好一个轻病，只需栽一颗杏树。所以四乡闻讯前来求治的病人云集，而董奉均以栽杏作为医酬。几年之后，庐山一带的杏林多达十万株之多，杏子成熟后，董奉又将杏子变卖，购成粮食用来赈济庐山贫苦百姓和南来北往的饥民，一年之中救助的百姓多达二万余人。

董奉行医济世的高尚品德，赢得了百姓的敬仰。明代名医郭东模仿董奉，居山下，种下千余株杏树。苏州的郑钦谕，庭院也设杏树园圃，病人馈赠的东西，也多去接济贫民。明代的书画家赵孟病危，当时的名医严子成给他治好了，他特意画了一幅《杏林图》送给严子成。后来，人们在称赞有高尚医德、精湛医术的医生时，也往往用词汇"杏林春暖""誉满杏林""杏林高手"来形容。近现代的一些医药团体、杂志刊物也常以"杏林"命名。"杏林"，已成为医界的别称。有关"杏林"的佳话，不仅成为民间和医界的美谈，而且也成为历代医家激励、鞭策自己要努力提高医技、解除病人痛苦的典范，"杏林"也成了医学界的代名词。

与杏林有关的词语

杏林春暖

誉满杏林

杏林高手

按照以下要求进行格式化操作：

① 将标题"'杏林'的由来"设置为"华文隶书""三号""加粗""边框""居中""红色"。

② 正文部分文本格式设置为"楷体""四号""两端对齐""首行缩进 2 字符""段前、段后 0.5 行""1.5 倍行距"。

③ 为第一段文本加下划线和橙色底纹。

④ 为文章最后的"杏林满园""誉满杏林"和"杏林高手"段落添加项目符号✓。

⑤ 将正文中所有文本"杏林"替换带格式的文本，格式设置为"华文彩云、绿色、加粗"格式。

⑥ 将第三自然段分成三栏，并添加分隔线。

⑦ 添加页眉"杏林的由来"，样式为"奥斯汀"，添加样式为"传统型"的页脚。

⑧ 添加"三线"样式的页面边框。

⑨ 将页面填充效果设置为"信纸"的纹理效果。

实验 5-2　图 文 混 排

实验目的

● 掌握图片和剪贴画的插入和格式化。

● 掌握形状、SmartArt 图形的绘制和格式化。

● 掌握文本框、公式和艺术字的插入和格式化。

实验内容与操作指导

1. 在文档"华佗五禽戏.docx"中插入图片并格式化

具体操作步骤如下：

① 通过互联网搜索有关"华佗五禽戏"的图片，保存到桌面，并重命名为"华佗五禽戏"。

② 选中文档的最后一段，选择"页面布局"选项卡上"页面设置"组"分栏"下拉列表中的"一栏"命令。

③ 将光标定位最后一段，单击"插入"选项卡上"插图"组中的"图片"按钮，弹出"插入图片"对话框，找到图片"华佗五禽戏"所在的位置并选中，单击"插入"按钮。

④ 选中图片，单击图片工具"格式"选项卡上"图片样式"组右下角的"对话框启动器"按钮，弹出"设置图片格式"对话框。

⑤ 在左侧列表框中选择"艺术效果"选项，选择"艺术效果"下拉列表中的"浅色屏幕"选项，"透明度"设置为"50%"，"网格大小"设置为"10"，如图 5-7 所示。

图 5-7 "设置图片格式"选项卡

⑥ 单击"三维格式"选项，在"棱台"组中，选择"顶端"下拉列表中的"松散嵌入"命令，将"深度"组中的颜色设置为"红色"，其他各项设置均为默认值，单击"关闭"按钮。

⑦ 在图片工具"格式"选项卡上"排列"组中，选择"自动换行"下拉列表中的"四周型环绕型"选项，并将图片拖动到段落的中间位置。

⑧ 最终效果如图 5-8 所示。

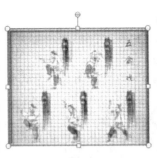

现代医学作为一种医疗禽戏不仅使人节得以舒展，高肺与心脏功供氧量，提高促进组织器官研究也证明，体操，华佗五体的肌肉和关而且有益于提能，改善心肌心肌排血力，的正常发育。

华佗五禽戏的显著功效说明了生命在于运动。

图 5-8　图片的格式化

2. 在文档"华佗五禽戏.docx"中绘制图形"急救包"

效果如图 5-9 所示。具体操作步骤如下：

① 选择"插入"选项卡上"插图"组"形状"下拉列表中的"圆角矩形"命令，在文档空白处拖动鼠标绘制图形直至合适的大小。选中绘制的图形，在绘图工具"格式"选项卡上"形状样式"组中，选择"形状效果"下拉列表中的"预设"命令，在其子菜单中选择"预设 2"命令，在"形状填充"下拉列表中选择"茶色，背景 2"选项。

图 5-9　急救包

② 切换到"插入"选项卡选择"形状"下拉列表中的"椭圆"命令，按住【Shift】键，在"圆角矩形"中心绘制适当大小的图形并拖动到合适的位置。

③ 选择"形状"下拉列表中"十字"命令，按住【Shift】键，在"圆角矩形"中心绘制适当大小的图形并拖动到合适的位置。

④ 选中形状"椭圆"，设置"形状填充"为"无颜色填充"，"形状轮廓"颜色设置为"红色"，粗细为"4.5 磅"。

⑤ 选中形状"十字"，设置"形状填充"为"红色"，"形状轮廓"为"无轮廓"。

⑥ 选择"形状"下拉列表中的"空心弧"命令，在"圆角矩形"上方绘制合适的大小并拖动到适当的位置。

⑦ 选中形状"圆角矩形"，单击"开始"选项卡上"剪贴板"组中的"格式刷"按钮，然后单击形状"空心弧"，形状"圆角矩形"的图片格式即应用到形状"空心弧"中。

⑧ 选中形状"空心弧"，右击鼠标，在弹出的快捷菜单中选择"置于底层"命令。

⑨ 拖动形状到合适的位置，按住【Shift】键，依次选中绘制的图形后右击，在弹出的快捷菜单中选择"组合"命令。

⑩ 选中组合后的形状，在图片工具"格式"选项卡上"排列"组中，选择"自动换行"下拉列表中的"浮于文字上方"选项，并将形状拖动到文档的空白区域。

注意：按住【Shift】键能够保证绘制的形状是等比例的。若选择形状"椭圆"命令，按住【Shift】后，绘制出的形状为"圆形"，若选择形状"矩形"命令，按住【Shift】键后，绘制出的形状为"正方形"。

3．在文档中插入 SmartArt 图形、文本框和艺术字

效果如图 5-10 所示。具体操作步骤如下：

① 单击"插入"选项卡上"插图"组中的"SmartArt"按钮，弹出"选择 SmartArt 图形"对话框，在左侧列表框中选择"棱锥图"选项，右侧窗格中选择"基本棱锥图"选项，单击"确定"按钮。

② 单击图形任意位置，出现 SmartArt 工具"设计"和"格式"选项卡，在"设计"选项卡上"创建图形"组中，选择"添加形状"下拉列表中"在后面添加形状"命令。

③ 在"基本棱锥图"中依次输入如图 5-10 所示的文本，并调整每一层中文本的字体至合适的大小。

④ 单击图形任意位置，在 SmartArt 工具"设计"选项卡"SmartArt 样式"组中，选择"更改颜色"下拉列表中"彩色，强调文字颜色"命令，在"SmartArt 样式"下拉列表中的"三维"组中选择"砖块场景"命令。

⑤ 选择"插入"选项卡上"文本"组"文本框"下拉列表中的"绘制文本框"选项，在文档的空白处绘制适当大小的文本框后选中，将文本框复制到如图 5-10 所示的其他三个地方，在四个文本框中分别输入"少吃""适量""多吃"和"主食"，并将文本框中的字体格式设置为"宋体、四号"。按住【Shift】键，依次选中四个文本框，在绘图工具"格式"选项卡上"形状样式"组中，将文本框样式设置为"无填充颜色、无轮廓"。

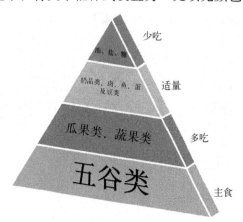

图 5-10　健康饮食金字塔

⑥ 选择"插入"选项卡上"文本"组"艺术字"的下拉列表中选择第 4 行第 5 列的样式，在文本框中输入文字"健康饮食金字塔"并将字号设置为"三号"。在绘图工具"格式"选项卡上"艺术样式"组中，选择"文本效果"下拉列表中的"阴影"选项，在其子菜单中选择"透视"组中的"左上对角透视"命令。最后拖动艺术字到图形的下方。

　提高练习

1．在文档中输入数学公式

$$\sum_{x=1}^{100} \frac{\sqrt{x}}{100} + \int_0^\pi \sin x\, dx$$

2. 制作"认识高血压"宣传海报

样张如图 5-11 所示，具体要求如下：

① 将整篇文档分为三栏，不添加分隔线。纸张方向设置为"横向"。页面背景为"图片"的填充效果，图片不限。

② 标题文字"认识高血压"使用艺术字效果，字号设置为"小一"，样式不限。

③ 左侧第一栏中插入主题为"医生"的剪贴画，将图片版式设置为"紧密型环绕"，图片样式为"映像棱台、白色"。绘制"云形标注"图形并添加文字。正文文本格式设置为"华文行楷、小三"。

④ 在第二栏中，绘制"横卷形"，样式为"形状样式"下拉列表中的第 4 行第 2 个。插入 SmartArt 图形，结构为"循环"选项中的"基本射线图"。

⑤ 在第三栏中，绘制"竖排文本框"，按图示输入文本内容，并添加项目符号◇。

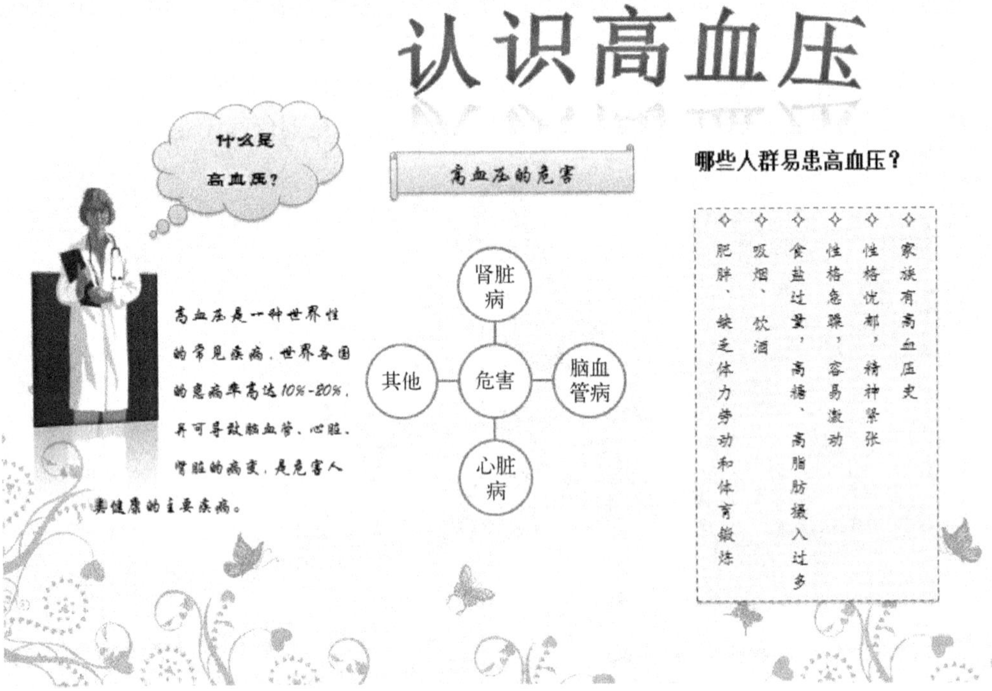

图 5-11　认识高血压

实验 5-3　表格制作及高级应用

实验目的

- 掌握表格的创建、编辑和格式化的方法。
- 掌握自动生成目录的方法。
- 了解表格中简单计算的方法。

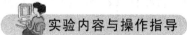 实验内容与操作指导

1. 表格的创建

新建空白 Word 文档并重命名为"表格.docx"，本节实验均在此文档中操作，具体操作步骤如下：

（1）利用绘制表格功能绘制如表 5-1 所示的门诊挂号票据。

① 单击"插入"选项卡上"表格"组"表格"下拉列表中的"绘制表格"选项，光标变成铅笔形状 。

② 按住鼠标左键不动并向右下角拖动，当出现的虚线框达到适合的大小时释放鼠标。

③ 使用步骤②中的方法依次绘制出表格内部的边框线。绘制完毕后，可按【Esc】键或单击表格工具"设计"选项卡上"绘图边框"组中的"绘制表格"按钮退出绘制状态。

④ 在表格中依次输入如表 5-1 所示的数据内容。

表 5-1　门诊挂号票据

日期	2015-09-29 10:24:56		
姓名	陈一晨	病人身份	自费
候诊号	1578	号别	急诊号
就诊科室	神经内科		
就诊医生	吴新	诊查费	￥6
挂号费	￥2	病历本费	￥0.5
合计金额	￥8.5		

⑤ 如果要擦除多余的边框线，首先将光标定位到表格的任意位置，单击表格工具"设计"选项卡上"绘图边框"组中的"擦除"按钮，光标变成橡皮形状 。将光标移动到需要擦除的边框线位置并单击即可。再次单击"擦除"按钮或按【Esc】键可退出擦除状态。

⑥ 如果行高和列宽需要调整，移动鼠标到行（或列）的边框位置，鼠标指针变成 或 标记时，按住鼠标左键向上或向下（向左或向右）拖动，行（或列）的边框显示成一条虚线，当虚线到达合适的位置释放鼠标即可。

（2）插入一个如表 5-2 所示的 7 行 6 列的表格并输入内容。

表 5-2　成　绩　表

学　号	姓　　名	组　培	生　化	英　语	物　理
20150031	刘晓	75	90	69	85
20150032	王思璇	86	78	92	80
20150033	杨柳	68	53	70	83
20150034	袁鸿	93	85	74	78
20150035	王建波	59	79	88	82
20150049	郑飞	46	64	81	75

① 将光标定位于文档"表格.docx"的空白区域。

② 单击"插入"选项卡上"表格"组中的"表格"按钮，将光标移动到下拉列表中的网格上，选择"6×7表格"命令，文档中出现一个7行6列的表格。

③ 在表格中依次输入如表5-2所示的数据内容。

④ 将鼠标移动到到第一列的上方，当鼠标指针变为指向下方的黑色箭头↓时，单击鼠标，即选中了第一列。单击"开始"选项卡上"段落"组中的"居中"按钮。按照同样的方法将其他列中的文本内容也设置成居中显示效果。

⑤ 拖动鼠标选取第一行，单击"开始"选项卡上"字体"组中的"加粗"按钮。

（3）文本转换成表格

① 在文档中输入以下所示内容，用空格作为分隔符。

学号	姓名	组培	生化	英语	物理
20150036	张扬	67	82	78	53
20150037	宋丽颖	90	77	81	89
20150038	孙毅亮	93	89	65	73
20150039	汪俊逸	83	70	79	68

② 选中文本内容，单击"插入"选项卡上"表格"组"表格"下拉列表中的"文本转换成表格"选项，弹出"将文字转换为表格"对话框，如图5-12所示。

③ 在对话框中，将"列数"设置为"6"，在"文字分隔位置"组中选择"空格"选项，单击"确定"按钮。

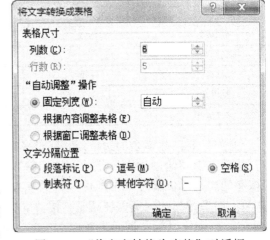

图5-12 "将文字转换为表格"对话框

2．对表5-2进行编辑

（1）插入、删除行或列

① 将光标定位于表5-2的最后一列，单击鼠标右键，在弹出的快捷菜单中选择"插入"选项子菜单中的"在右侧插入列"命令。再次重复上述操作，在表格右侧插入两列。

② 将光标定位于第一行，单击表格工具"布局"选项卡上"行和列"组中"在上方插入"按钮，即在表格最上方插入新的一行。

③ 将光标定位于表格的最后一行后单击鼠标右键，在弹出的快捷菜单中选择"删除单元格"命令，弹出如图5-13（a）所示的对话框，选择"删除整行"选项，单击"确定"按钮。

（2）合并和拆分单元格

① 将光标定位在第1行第1列单元格，单击表格工具"布局"选项卡上"合并"组中的"拆分单元格"按钮，弹出如图5-13（b）所示的"拆分单元格"对话框。将列数设置为"2"，行数设置为"1"，单击"确定"按钮。

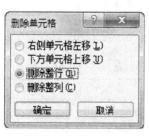

（a）删除单元格　　　　　　　（b）拆分单元格

图 5-13　"删除单元格"对话框和"拆分单元格"对话框

② 拖动鼠标选中第一行，单击鼠标右键，在弹出的快捷菜单中选择"合并单元格"命令，第一行即被合并成一个单元格，在此单元格中输入文本"成绩表"，并设置居中效果。

（3）调整行高和列宽

① 将鼠标移动到第一行的左侧，当指针变为指向右上方的白色箭头 时，单击鼠标，即选取了第一行。

② 单击表格工具"布局"选项卡上"单元格大小"组中的"对话框启动器"按钮，弹出"表格属性"对话框，如图 5-14 所示。

图 5-14　"表格属性"对话框

③ 在"表格属性"对话框中，切换到"行"选项卡，勾选"指定高度"复选框。选择"行高值是"下拉列表中"固定值"选项，将"指定高度"设置为"1 厘米"，单击"确定"按钮。

3．表格的格式化

（1）对表 5-1 套用表格样式

① 单击表 5-1 左上角的全选按钮 或右下角的全选按钮 ，选定整个表格，单击"开始"选项卡上"段落"组中的"居中"按钮，设置表格为居中对齐效果。

② 选择表格工具"设计"选项卡"表格样式"下拉列表中第 3 行第 7 列"浅色网格-强调文字颜色 6"样式，效果如表 5-3 所示。

表 5-3　套用表格样式

日期	2015-09-29 10:24:56		
姓名	陈一晨	病人身份	自费
候诊号	1578	号别	急诊号
就诊科室	神经内科		
就诊医生	吴新	诊查费	￥6
挂号费	￥2	病历本费	￥0.5
合计金额	￥8.5		
日期	2015-09-2910:24:56		

（2）为表 5-2 添加边框和底纹

① 选取整个表 5-2，单击表格工具"设计"选项卡上"表格样式"组"下框线"下拉列表中的"边框和底纹"命令，弹出"边框和底纹"对话框。

② 切换到"边框"选项卡，在"设置"组中选择"全部"选项，选择"样式"下拉列表中第 7 个样式，颜色设置为"红色"，宽度设置为"0.5 磅"，单击"确定"按钮。

③ 选中第一行，按照步骤①的方法打开"边框和底纹"对话框，切换到"底纹"选项卡，在"填充"下拉列表中选择"浅蓝"，单击"确定"按钮。效果如表 5-4 所示。

表 5-4　添加边框和底纹

成绩表					
学号	姓名	组培	生化	英语	物理
20150031	刘晓	75	90	6	85
20150032	王思璇	86	78	92	80
20150033	杨柳	68	53	70	83
20150034	袁鸿	93	85	74	78
20150035	王建波	59	79	88	82

4．表格的计算

① 在表 5-4 第 2 行第 7 列和第 8 列的单元格中分别输入"总分"和"平均分"。

② 将光标定位在"总分"下方的单元格，单击表格工具"布局"选项卡"数据"组中的"公式"按钮，弹出"公式"对话框，如图 5-15 所示。

③ 在"公式"文本框中输入"=SUM (LEFT)"，单击"确定"按钮，按照同样的方法算出该列其他行的总分。

④ 将光标定位在"平均分"下方的单元格，按照步骤②的方法打开"公式"对话框，在"公式"文本框中输入"=AVERAGE (LEFT)"，单击"确定"按钮，按照同样的方法算出该列其他行的平均分。

图 5-15　"公式"对话框

5．自动生成目录

（1）在文档中输入以下内容

第一章　绪论
第一节　生理学的任务和研究方法
一、生理学及其任务
二、生理学和医学的关系
三、生理学的研究方法
四、生理学研究的不同水平
第二节　机体的内环境和稳态
一、机体的内环境
二、内环境的稳态
第三节　机体生理功能的调节
一、生理功能的调节方式
二、体内的控制系统
第二章　细胞的基本功能
第一节　细胞膜的结构和物质转运功能
一、细胞膜的结构概述
二、物质的跨膜转运
第二节　细胞的信号转导
一、离子通道型受体介导的信号转导
二、G蛋白耦联受体介导的信号转导
三、酶联型受体介导的信号转导
第三节　细胞的电活动
一、膜的被动电学特性和电紧张电位
二、静息电位及其产生机制
三、动作电位及其产生机制
四、局部电位
五、可兴奋细胞及其兴奋性
第四节　肌细胞的收缩
一、横纹肌
二、平滑肌

（2）生成目录

① 选取"第一章绪论"所在段，按住【Ctrl】键，选取"第二章细胞的基本功能"所在段，选择"开始"选项卡上"样式"组中的"标题1"选项。

② 将光标定位于"第一节生理学的任务和研究方法"所在段，选择"开始"选项卡上"样式"组中的"标题2"选项，双击格式刷，依次在"第*节……"的位置单击，将所有节标题均设置成"标题2"的样式。

③ 按照步骤①和②中的方法，将其他内容设置为样式"标题3"。

④ 将光标置于文档的开始处，选择"页面布局"选项卡上"页面设置"组"分隔符"

下拉列表中的"分页符"选项。

⑤ 将光标定位于插入空白页，选择"引用"选项卡上"目录"组"目录"下拉列表中的"自动目录1"选项，目录自动生成。

 提高练习

1. 制作表格

制作如表 5-5 所示的有关"某市各医院病人费用清单"表格，将表格格式化并计算出"合计金额"和"平均金额"。

表 5-5　某市各医院病人费用清单

医院类别	单位名称	门诊病人每人次费用（元）	门诊病人每人次费用（元）	出院者平均住院日（元）
综合医院	市第一医院	124.83	867.32	16.77
	市第二医院	138.32	765.90	13.43
	市第三医院	117.89	702.32	12.32
专科医院	市中医医院	145.63	357.61	14.89
	市妇女儿童医院	210.32	539.01	13.65
	市传染病医院	124.98	453.10	10.29
合计金额				
平均金额				

具体要求如下：

① 表格外边框和第一行的边框设置为"深蓝色、1.0 磅"，其余边框设置为"深蓝、0.75 磅"。

② 表格中的文字居中对齐。

③ 为表格第一行添加"橙色"底纹，"合计金额"和"平均金额"所在单元格添加"绿色"底纹。

2. 制作目录

为如下所示的文本制作目录。

第 1 章　绪论
第 1 节　医学统计学的作用
第 2 节　医学统计学的基本内容
第 3 节　医学统计学中的基本概念
第 2 章　定量数据的统计描述
第 1 节　频数分布
第 2 节　集中趋势的统计指标
第 3 节　变异程度的统计指标
第 3 章　正态分布与医参考值范围
第 1 节　正态分布
第 2 节　医学参考值范围

自 测 题 5

一、单项选择题

1．Word 2010 程序启动后自动建立一个名为（　　　）的文档。

　　A．Noname　　　　B．Untitled　　　　C．文件 1　　　　D．文档 1

2．Word 2010 的文件扩展名是（　　　）。

　　A．WORD　　　　B．DOCX　　　　C．DOC　　　　D．TXT

3．打开 Word 文档一般是指（　　　）。

　　A．把文档的内容从内存中读入，并显示出来

　　B．为指定文件开设一个新的、空的文档窗口

　　C．把文档的内容从磁盘调入内存，并显示出来

　　D．显示并打印出指定文档的内容

4．在编辑 Word 文档时，选取文本后，使用鼠标拖动的方法执行移动操作，配合的键盘操作是（　　　）。

　　A．按住【Ctrl】键　　　　　　　　B．按住【Esc】键

　　C．按住【Shift】键　　　　　　　　D．不做操作

5．在编辑 Word 文档时，选取文本后，使用鼠标拖动的方法执行复制操作，配合的键盘操作是（　　　）。

　　A．按住【Ctrl】键　　　　　　　　B．按住【Esc】键

　　C．按住【Shift】键　　　　　　　　D．不做操作

6．在 Word 的编辑状态，若打开文档"甲.docx"，修改后另存为"乙.docx"，则文档"甲.docx"（　　　）。

　　A．被文档"乙.doc"覆盖　　　　　　B．被修改未关闭

　　C．被修改并关闭　　　　　　　　　D．未修改被关闭

7．在 Word 编辑状态下，选定整个文档的快捷键是（　　　）。

　　A．【Ctrl+A】　　B．【Ctrl+Z】　　C．【Ctrl+C】　　D．【Ctrl+V】

8．在 Word 编辑状态下，当前输入的文字显示在（　　　）。

　　A．鼠标光标处　　B．插入点　　C．文件尾部　　D．当前行尾部

9．在 Word 中，每个段落（　　　）。

　　A．以句号结束　　　　　　　　　　B．以用户输入【Enter】键结束

　　C．以空格结束　　　　　　　　　　D．自动设定结束

10．在 Word 编辑状态下，文档中的一部分内容被选取，执行"开始"选项卡"剪贴板"组中的"剪切"命令后（　　　）。

　　A．选择的内容被复制到插入点处　　B．选择的内容被复制到剪贴板中

　　C．选择的内容被移动到剪贴板中　　D．光标所在段落内容被复制到剪贴板中

11．在 Word 编辑状态下，被编辑文档中的文字有"四号""五号""16"磅"18"磅四种，下列关于所设定字号大小的比较中，正确的是（　　　）。

　　A．"二号"大于"三号"　　　　　　B．"二号"小于"三号"

　　C．"16"磅大于"18"磅　　　　　　D．字的大小一样，字体不同

12．在 Word 文档窗口中，若选定的文本区域里包含有几种字号的文字，则"开始"选项卡"字号"组将显示（　　　）。

    A．首字符的字号　　　　　　　　B．文本区域中最大的字号

    C．文本区域中最小的字号　　　　D．空白

13．在 Word 编辑状态下，字号被选择为"四号"后，按新设置字号显示的文字是（　　　）。

    A．插入点所在的段落中的文字　　B．文档中被选择的文字

    C．插入点所在行中的文字　　　　D．文档的全部文字

14．在 Word 编辑状态下，连续进行两次"插入"操作，当单击一次"撤销"按钮后（　　　）。

    A．将两次插入的内容全部取消　　B．将第一次插入的内容取消

    C．将第二次插入的内容取消　　　D．两次插入的内容都不取消

15．在 Word 编辑状态下，单击"粘贴"按钮后，（　　　）。

    A．将文档中被选择的内容复制到当前插入点处

    B．将文档中被选择的内容复制到剪贴板中

    C．将剪贴板中的内容移动到当前插入点处

    D．将剪贴板中的内容复制到当前插入点处

16．删除一个段落标记后，前后两段文字将合并成一个段落，原段落内容的字体格式（　　　）。

    A．变成前一段落的格式　　　　　B．变成后一段落的格式

    C．没有变化　　　　　　　　　　D．两段的格式变成一样

17．在 Word 文档中，文字下面有红色波浪下划线表示（　　　）。

    A．文档修改过　　　　　　　　　B．输入的内容

    C．可能存在拼写错误　　　　　　D．可能存在语法错误

18．在 Word 文档中，文字下面有绿色波浪下划线表示（　　　）。

    A．文档修改过　　　　　　　　　B．输入的内容

    C．可能存在拼写错误　　　　　　D．可能存在语法错误

19．Word 具有分栏的功能，下列关于分栏的说法正确的是（　　　）。

    A．最多可以设 4 栏　　　　　　　B．栏宽是固定的

    C．栏间距是固定的　　　　　　　D．栏宽可以不同

20．在 Word 中，文档的视图模式会影响文档在屏幕上的显示方式，为了使显示的内容与打印的效果完全相同，应设定（　　　）。

    A．阅读版式视图　　B．普通视图　C．页面视图　　　　D．大纲视图

21．在 Word 中，要取消文档中某些文字的"加粗"格式，应当（　　　）。

    A．先选择该文字，再单击"开始"选项卡上"字体"组中的"加粗"按钮

    B．直接单击"开始"选项卡上"字体"组中的"加粗"按钮

    C．使用以上二种方法中的任一种

    D．使用字体框下拉列表中的"黑体"格式

22．鼠标在 Word 文档窗口的工作区内时，形状为（　　　）。

    A．I 形　　　　　　　B．沙漏形　　C．箭头　　　　　　D．手形

23．在 Word 中，选择某段文本，双击"格式刷"按钮进行格式应用时，格式刷可以

使用的次数是（　　　）

  A．1次   B．2次   C．无数次   D．0次

24．将段落除首行之外的其他行从左侧向右缩进一定的距离，这种缩进方式是指（　　　）

  A．左缩进   B．首行缩进   C．悬挂缩进   D．右缩进

25．在 Word 中，利用自选图形绘图时，要将若干个自选图形合并为一个图形，则（　　　）。

  A．单击"插入"选项卡上"插图"组中的"形状"按钮

  B．将这些图形放到同一个文本框中

  C．按住【Shift】键选定这些图形后单击鼠标右键，在弹出的快捷菜单中选择"组合"命令

  D．按住【Alt】键选定这些图形后单击鼠标右键，在弹出的快捷菜单中选择"组合"命令

26．在 Word 窗口的状态栏中显示的信息不包括（　　　）。

  A．页面信息   B．"插入"或"改写"状态

  C．字数统计   D．当前编辑的文件名

27．在 Word 中，页眉和页脚的作用范围是（　　　）。

  A．整篇文档   B．节   C．页   D．段落

28．在 Word 编辑状态下，选定表格后，按【Delete】键后（　　　）。

  A．表格中的内容全部被删除，但表格还存在

  B．表格和内容全部被删除

  C．表格被删除，但表格中的内容末被删除

  D．表格中插入点所在的行被删除

29．在 Word 编辑状态下，选定表格中的某列后，选择表格工具"布局"选项卡上"行和列"组"删除"下拉列表中的"删除列"选项，则（　　　）。

  A．表格中的内容全部被删除，但表格还存在

  B．表格和内容全部被删除

  C．表格被删除，但表格中的内容未被删除

  D．选择的列被删除

30．打开 D 盘中的 Word 文档进行修改后，单击 Word 窗口的"关闭"按钮后（　　　）。

  A．文档被关闭，并自动保存修改后的内容

  B．弹出对话框，询问是否保存文档的修改

  C．文档被关闭，修改后的内容也不能保存

  D．弹出"另存为"对话框

31．下列关于 Word 表格功能的描述，正确的是（　　　）。

  A．Word 对表格中的数据既不能进行排序，也不能进行计算

  B．Word 对表格中的数据能进行排序，但不能进行计算

  C．Word 对表格中的数据不能进行排序，但可以进行计算

  D．Word 对表格中的数据既能进行排序，也能进行计算

32．在 Word 中，段落首行的缩进类型包括首行缩进和（　　　）。

  A．插入缩进   B．悬挂缩进   C．文本缩进   D．整段缩进

33．在 Word 中，关于图片的操作，错误的是（　　　）。

A. 可以裁剪图片

B. 可以调整图片的颜色

C. 可以按百分比缩放图片

D. 不可以任意设定图片的大小

34. 在 Word 中，若要将选定的格式多次应用到文档中的不同段落时，应先执行（　　）操作，然后使用格式刷设置相应的段落。

A. 单击"格式刷"按钮

B. 双击"格式刷"按钮

C. 按住【Ctrl】键，单击"格式刷"按钮

D. 按住【Ctrl】键，双击"格式刷"按钮

35. 在编辑 Word 文档时，输入的新文字覆盖了文档中已输入的文字则（　　）。

A. 当前文档处于"改写"的编辑方式

B. 当前文档处于"插入"的编辑方式

C. 连按两次【Insert】键，可防止覆盖的发生

D. 按【Delete】键可防止覆盖的发生

36. 要选定某个段落，以下哪个操作是错误的（　　）。

A. 将插入点定位于该段落的任何位置，然后按【Ctrl+A】组合键

B. 将鼠标指针拖过整个段落

C. 将鼠标指针移到该段落左侧的选定区双击

D. 将鼠标指针移动到该段落的任意位置三击

37. 下面不属于段落对齐方式的是（　　）。

A. 分散对齐　　　　B. 右对齐　　　　C. 两端对齐　　　D. 首行对齐

38. Word 中当前正在编辑的文档名和程序名显示在窗口的（　　）中。

A. 状态栏　　　　B. 工具栏　　　　C. 标题栏　　　D. 工具栏

39. 如果需要批量制作邀请函，可以使用 Word 中（　　）选项卡中的"邮件合并"功能。

A. 插入　　　　B. 审阅　　　　C. 邮件　　　D. 引用

40. 按（　　）键可以切换"插入"和"改写"状态。

A.【Enter】　　　B.【Insert】　　　C.【Ctrl】　　　D.【Esc】

41. 当前活动窗口是文档"Word1.docx"窗口，单击该窗口的"最小化"按钮后（　　）。

A. 不显示文档"Word1.docx"的内容，但文档"Word1.docx"并未关闭

B. 该窗口和文档"Word1.docx"都被关闭

C. 文档"Word1.docx"未关闭，且继续显示其内容

D. 关闭了文档"Word1.docx"，但该窗口并未关闭

42. 当前正编辑一个新建的 Word 文档"文档 1.docx"，选择"文件"选项卡中的"保存"命令后（　　）。

A. "文档 1.docx"被存在桌面

B. 弹出"另存为"对话框

C. "文档 1.docx"被存在 C:盘

D. "文档 1.docx"被存在 D:盘

43．对于 Word 2010 表格功能说法错误的是（　　　）。

A．表格一旦建立，行、列不能随删、增

B．对表格中的数据能够进行运算

C．表格单元格中可以插入图形文件

D．可以拆分单元格

44．在 Word 2010 表格中求某行数值的平均值，使用的统计函数为（　　　）。

A．Sum()　　　　B．Total()　　　　C．Count()　　　　D．Average()

45．在 Word 2010 表格中求某行数值的总和，使用的统计函数为（　　　）。

A．Sum()　　　　B．Total()　　　　C．Count()　　　　D．Average()

二、填空题

1．如果想在文档中加入页眉、页脚，应当使用_____选项卡上"页眉和页脚"组中的命令。

2．在 Word 文档编辑过程中，要想强制结束一个段落，应当按_____键。

3．对 Word 文档进行"另存为"操作时，在"保存类型"下拉列表中选择了"纯文本"命令，被保存的文件扩展名是_____。

4．在 Word 的编辑状态，若希望将当前文档重命名并改变存盘位置，应当使用"文件"选项卡中的_____命令。

5．在 Word 的编辑状态，若要设置页边距，应当选择_____选项卡上"页面设置"组中的相关命令。

6．Word 中按住_____键，单击图形，可选定多个图形。

7．在 Word 中，单击"开始"选项卡上"字体"组中的按钮 **B**，可以为选取的文本设置_____格式。

8．Word 提供了多种显示文档的视图模式，其中"所见即所得"的排版效果在_____下体现。

9．在 Word 中，文档中每个页面的顶部区域称为_____，文档中每个页面的底部区域称为_____。

10．Word 保存文件的键盘组合键是_____。

三、简答题

1．说明在 Word 的编辑状态下，如何将第二段文本移到第一段文本之前？

2．说明在 Word 的编辑状态下，如何将文档中的所有"计算机"三字替换为"Computer"？

3．在 Word 中，"文件"选项卡中的"保存"和"另存为"命令有何异同？

第6章

电子表格处理软件 Excel 2010

导读

本章主要包含 3 个实验内容。实验 6-1 是 Excel 的基本操作和格式设置，通过实验掌握工作簿和工作表的建立、保存、格式化等基本操作。实验 6-2 是 Excel 公式和函数的使用，通过实验掌握简单公式和函数的计算方法。实验 6-3 是 Excel 的数据分析、图表化和页面设置，通过实验掌握排序、筛选、分类汇总，以及建立图表和数据透视表等数据分析的方法，并熟悉页面设置和工作表的打印。

实验 6-1 Excel 的基本操作和格式设置

实验目的

- 掌握工作簿的建立、打开和保存。
- 掌握工作表和单元格的增、删、移动、复制、重命名等操作。
- 掌握不同类型数据格式的设定，以及数据的快速录入方法。
- 掌握工作表的格式化操作，以及其样式的使用。
- 熟悉 Excel 的界面要素、数据有效性的设置。

实验内容与操作指导

1．Excel 的启动和退出

（1）Excel 的启动

具体操作步骤如下：

① 选择"开始"→"所有程序"→Microsoft Office→Microsoft Excel 2010 命令，启动 Excel。

② 双击已存在的 Excel 文档，启动 Excel 应用程序，同时打开该文档。

③ 单击桌面 Excel 程序的快捷方式图标。

（2）Excel 的退出

具体操作方法如下：

① 选择标题栏左端的控制菜单 ⊠ 中的"关闭"命令。

② 单击标题栏右边的"关闭"按钮。

③ 选择"文件"→"退出"命令。

2．Excel 工作簿、工作表的建立和基本操作

（1）工作簿的新建和保存

具体操作步骤如下：

① 启动 Excel 2010，系统自动新建一个名为"工作簿 1.xlsx"的工作簿。

② 选择"文件"→"保存"命令，弹出"另存为"对话框。

③ 在地址栏中选择 D：盘，在"文件名"文本框中输入"学生档案"，在"保存类型"下拉列表中选择"Excel 工作簿"选项（此处默认情况为"Excel 工作簿"选项，一般情况可以不必选择）。

④ 单击"保存"按钮即可。

（2）工作表的重命名、插入、移动、删除、复制等操作

具体操作步骤如下：

① 打开"学生档案.xlsx"工作簿，双击工作表标签 Sheet1，为工作表重命名为"成绩表"。

② 右击工作表标签 Sheet2，在弹出的快捷菜单中选择"重命名"命令，为此工作表重命名为"学生信息表"。

③ 选择"开始"选项卡上"单元格"组"插入"下拉列表中的"插入工作表"命令，插入工作表 Sheet4。单击 Sheet4 工作表标签，拖动鼠标移动到最后的位置（用户也可以右击，在弹出的快捷菜单中选择"移动或复制"命令来完成此操作）。

④ 右击 Sheet3 工作表标签，在弹出的快捷菜单中选择"删除"命令，Sheet3 工作表将被删除。

⑤ 右击"成绩表"工作表标签，在弹出的快捷菜单中选择"移动或复制"命令，弹出"移动或复制工作表"对话框。

⑥ 在"下列选定工作表之前"下的列表框中选择"Sheet4"选项。

⑦ 选中"建立副本"复选框，单击"确定"按钮。返回工作表界面，此时已建立一张名为"成绩表（2）"的工作表，并放置在工作表 Sheet4 的左侧，此工作表为"成绩表"的副本（用户也可以选中"成绩表"工作表标签，按住【Ctrl】键的同时拖动鼠标左键，也可以实现此操作）。

3．数据的录入和自动填充

（1）数据的录入

在"学生档案.xlsx"工作簿中，将表 6-1 中的数据输入到工作表"成绩表"中，将表 6-2 的数据输入到工作表"学生信息表"中。

表 6-1　成　绩　表

学号	姓名	化学	组培	医学检验	分析化学	护理学	生物
0020151001	郝红霞	82.0	79.0	75.0	89.0	88.0	90.0
0020151002	文丽	58.0	43.0	61.0	59.0	60.0	78.0
0020151003	马超	86.0	94.0	90.0	92.0	84.0	34.0
0020151004	徐艳	75.0	71.0	74.0	78.0	90.0	56.0
0020151005	高鑫	92.0	87.0	89.0	89.0	74.0	67.0
0020151006	万淼	66.0	68.0	70.0	70.0	89.0	77.0
0020151007	徐瑾	67.0	75.0	90.0	74.0	70.0	89.0
0020151008	张爱国	88.0	91.0	84.0	88.0	90.0	78.0

表 6-2　学生信息表

学号	姓名	性别	籍贯	出生日期	年龄	班级	宿舍	专业
0020151001	郝红霞	女	北京	1990-08-07	25	1 班	205	临床医学
0020151002	文丽	女	武汉	1992-08-01	23	2 班	201	护理
0020151003	马超	男	湖南	1991-03-12	24	1 班	107	临床医学
0020151004	徐艳	女	武汉	1990-12-03	25	2 班	205	临床医学
0020151005	高鑫	男	北京	1988-08-05	27	2 班	107	药学
0020151006	万淼	女	安徽	1993-12-31	22	1 班	201	护理
0020151007	徐瑾	男	内蒙古	1993-10-01	22	3 班	107	药学
0020151008	张爱国	男	新疆	1995-04-01	25	1 班	107	药学

具体操作步骤如下：

① 选择"成绩表"工作表标签，单击 A1 单元格，输入"学号"，按【Tab】键，跳转到 B1 单元格，输入"姓名"。按此方法在 C1、D1、E1、F1、G1 和 H1 单元格中分别输入"化学""组培""医学检验""分析化学""护理学""生物"。完成标题行数据的录入。

② 选中"学号"所在的 A 列。然后单击"开始"选项卡中"数字"组右下角的"对话框启动器"按钮，打开"设置单元格格式"对话框。在"数字"选项卡中的"分类"列表框中选择"文本"选项，单击"确定"按钮。这时学号所在的列即被设置为"文本"类型，学号将以文本形式存储，最前的"00"即可保留。

③ 按照表 6-1 的内容录入数据。

④ 单击 A1 单元格，拖动鼠标左键到 H9，此时选中 A1:H9 单元格区域。单击"开始"选项卡"对齐方式"组中的"居中"按钮，设置所有数据为居中对齐效果。

⑤ 选中 C2:H9 单元格区域。按照步骤②的方法，在"数字"选项卡的"分类"列表框中选择"数值"选项，调整右侧的"小数位数"的微调按钮的数值为 1，单击"确定"按钮，所有数字将保留一位小数。

⑥ 再次选中 C2:H9 单元格区域。选择"数据"选项卡上"数据工具"组中的"数据有效性"下拉列表中的"数据有效性"选项，弹出"数据有效性"对话框。

⑦ 单击"设置"选项卡，在"允许"下拉列表中选择"小数"选项；在"数据"下拉列

表中选择"介于"选项；在"最小值"文本框中输入"0"；在"最大值"文本框中输入"100"。

⑧ 切换到"输入信息"选项卡，在"标题"文本框中输入"提示"；在"输入信息"列表框中输入"请输入 0 到 100 的实数"。

⑨ 切换到"出错警告"选项卡，在"样式"下拉列表中选择"警告"选项；在"标题"文本框中输入"ERROR"；在"错误信息"列表框中输入"输入内容有误，请输入 0 到 100 的实数"。单击"确定"按钮，数据有效性设置生效。用户可以输入 120，查看错误信息。

⑩ 选择"学生信息表"工作表标签，依据表 6-2 按照步骤①输入标题行内容。学号列格式设置同步骤②。

⑪ 选中 E 列，按照步骤②的方法，在"数字"选项卡中的"分类"列表框中选择"自定义"选项，在右侧"类型"列表中选择"yyyy/mm/dd"选项，如果没有可以选择"yyyy/m/d"选项，将其修改成"yyyy-mm-dd"格式。

⑫ 按照表 6-2 的内容录入数据。

⑬ 文字居中效果操作方法同步骤④。

⑭ 选择"文件"→"保存"命令，原路径原文件名进行保存。

（2）利用自动填充功能建立等差数列

建立一个序列，内容为从-180 到 180，步长为 10（即差值为 10）的等差数列，填充于 A1:A37 单元格中。操作步骤如下：

① 启动 Excel 2010，系统自动新建一个名为"工作簿 1.xlsx"工作簿。

② 选择"文件"→"保存"命令，弹出"另存为"对话框。

③ 在地址栏中选择 D：盘，在"文件名"文本框中输入"自动填充"，在"保存类型"下拉列表中选择"Excel 工作簿"选项（此处默认情况为"Excel 工作簿"选项，一般情况可以不必选择），单击"保存"按钮即可。

④ 双击 Sheet1 工作表标签，重命名为"等差数列"。

⑤ 单击 A1 单元格，输入数值"-180"。

⑥ 选择"开始"选项卡上"编辑"组"填充"下拉列表中的"系列"命令，弹出"序列"对话框。

⑦ 依次单击"序列产生在"下的"列"单选按钮和"类型"下的"等差序列"单选按钮。在"步长值"后的文本框中输入"10"，"终止值"后的文本框中输入"180"，如图 6-1 所示。

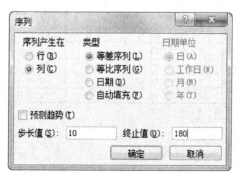

图 6-1 "序列"对话框

⑧ 单击"确定"按钮。A1:A37 将填充-180 到 180，步长为 10 的等差数列。

（3）自定义列表的使用

在"自动填充.xlsx"工作簿的 Sheet2 工作表中建立十二生肖的文本类型的自动填充，并填充十二生肖序列于 A1:A12 单元格中。

具体操作步骤如下：

① 打开"自动填充.xlsx"工作簿，双击 Sheet2 工作表标签，重命名为"十二生肖"。

② 选择"文件"→"选项"命令，弹出"Excel 选项"对话框，选择"高级"选项，在"常规"组中单击"创建用于排序和填充序列的列表"处右侧的"编辑自定义列表"按钮，弹出"自定义序列"对话框。

③ 选择"自定义序列"的下拉列表框中"新序列"选项，在右侧的"输入序列"的下拉列表框中输入"鼠,牛,虎,兔,龙,蛇,马,羊,猴,鸡,狗,猪"的序列。（注意序列中的逗号为英文标点，也可以使用【Enter】键隔开。）

④ 单击"添加"按钮，左侧"自定义序列"的下拉列表框中出现十二生肖序列，代表添加成功。

⑤ 单击"确定"按钮，回到"Excel 选项"对话框，再单击"确定"按钮，返回工作表界面。

⑥ 选择一个单元格 A1，输入序列的第一个值"鼠"，然后拖动此单元格右下角的填充柄，向下填充到 A12，A 列自动产生十二生肖的序列。

⑦ 选择"文件"→"保存"命令。

4．数据表的格式化

（1）格式化工作表

为"学生档案.xlsx"工作簿中的"成绩表"工作表进行格式化操作，效果如图 6-2 所示。

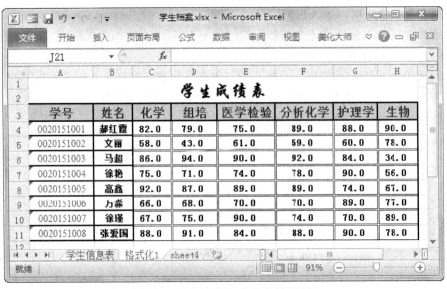

图 6-2 "成绩表"格式化效果图

具体操作步骤如下：

① 打开素材"学生档案.xlsx"工作簿，双击"成绩表（2）"工作表标签，重命名为"格

式化1"。将"成绩表"中的数据复制到此工作表的"A1:H9"单元格区域中。

② 在行号1处右击,在弹出的快捷菜单中选择"插入"命令,此时在表格的最上方插入一个空行,用同样的方法再插入一个空行。此时在数据表的上方出现两个空行。

③ 选择A1:H2的单元格区域,单击"开始"选项卡上"对齐方式"组中的"合并后居中"按钮,A1:H2的单元格区域被合并成为一个单元格。双击此单元格输入"学生成绩表"。

④ 选中文本"学生成绩表",选择"开始"选项卡上"字体"组"字体"下拉列表中的"华文行楷"选项;选择"字号"下拉列表中的"20"选项;单击"加粗"按钮。

⑤ 调整A1:H2合并单元格的行高,以字体能显示完全为准。

⑥ 选择A3:H3单元格区域,按照步骤④的方法,使用"字体"组中的相关命令,为单元格区域填充"橙色"底纹,字体设为"深蓝""宋体""加粗""14"号字体。

⑦ 按照步骤④的方法,将A4:A11中的字体设置为"红色""Times New Roman""12"号字体。其他文本文件设置为"宋体""11""加粗"格式。

⑧ 选中A3:H11的单元格区域,选择"开始"选项卡上"单元格"组"格式"下拉列表中的"设置单元格格式"命令,弹出"单元格格式"对话框。选择"边框"选项卡,在"线条"组"样式"列表框中,选择第2列第5个样式,然后单击"预设"组中的"外边框"和"内部"按钮。单击"确定"按钮,返回工作表界面。

⑨ 选中C4:H11的单元格区域,同步骤⑧在"边框"选项卡中,选择"线条"组"样式"列表框中选择第二列最后的样式,选择"颜色"下拉列表中的"红色"选项,然后单击"预设"组中的"内部"按钮,设置表格边框,如图6-3所示。单击"确定"按钮,完成选定单元格区域的边框设置。按原路径、原文件名保存文档,选择"文件"选项卡上的"保存"即可。

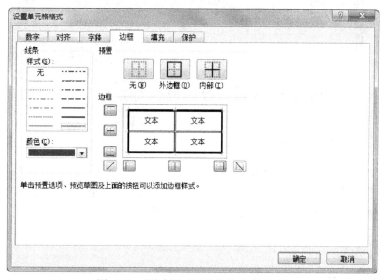

图6-3 "边框"选项卡设置效果图

（2）自动套用格式和样式的使用

对"学生档案.xlsx"工作簿中的"学生信息表"使用自动套用格式和样式,效果如图6-4所示。

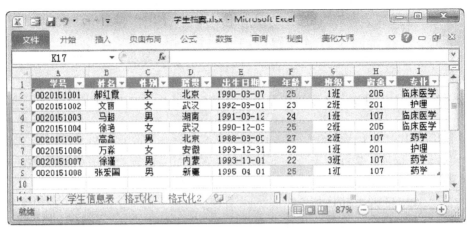

图 6-4 "学生信息表"格式化效果图

具体操作步骤如下:

① 打开素材"学生档案.xlsx"工作簿,双击 Sheet4 工作表标签,重命名为"格式化 2"。

② 将"学生信息表"中的内容,复制到"格式化 2"工作表中的 A1:I9 单元格区域中。

③ 选中 A1:I9 单元格区域,选择"开始"选项卡"样式"组中"套用表格格式"下拉列表"中等深度"组中的"表样式中等深浅 2"选项。弹出"套用表格式"对话框,单击"确定"按钮即可。

④ 选中 F2:F9 单元格区域,选择"开始"选项卡上"样式"组"条件格式"下拉列表中的"突出显示单元格规则"选项,在其子菜单中选择"大于"选项,弹出"大于"对话框,如图 6-5 所示。

图 6-5 "条件"格式"大于"对话框

⑤ 在"为大于以下值的单元格设置格式"文本框中输入"24";选择"设置为"下拉列表中的"红色文本"选项。单击"确定"按钮后,凡符合条件的单元格均按设置的格式显示,即年龄大于等于 24 的都显示为红色文本效果。

提高练习

创建 2015 年日历

新建一个工作簿,命名为"日历",在 Sheet1 工作表中,参照图 6-6 所示建立 2015 年全年日历,插入图像和日历主题不限。

图 6-6　2015 年日历

实验 6-2　Excel 公式和函数的使用

实验目的

● 掌握单元格的引用。
● 掌握公式和函数的录入、修改、编辑等操作。
● 熟悉常用公式和函数的计算方法。
● 了解 Excel 帮助信息的使用。

实验内容与操作指导

1. 数据的录入

建立"公式计算.xlsx"工作簿，将表 6-3 所示的数据输入到 Sheet1 中，将表 6-4 所示的数据输入到 Sheet2 中。具体操作步骤如下：

① 启动 Excel 2010，系统自动新建一个空白工作簿，双击 Sheet1 工作表标签，重命名为"实验记录"；双击 Sheet2 工作表标签，重命名为"期末成绩"。

② 将表 6-3 的内容录入到"实验记录"工作表中，将表 6-4 的内容录入到"期末成绩"工作表中。FALSE 为实验数据有问题，空单元格为没有参加实验。

③ 选择"文件"→"保存"命令，将文件保存在 D:盘根目录下，命名为"公式计算.xlsx"。

表 6-3 "实验记录"数据表

学号	姓名	实验 1	实验 2	实验 3	实验 4	实验 5	实验 6
201415001	海青	99.8	63	64		77	FALSE
201415002	杨英	96.5	76	71		69	61
201415003	张艳	95.5	82	66	69	43	88
201415004	袁耀鸿	95	FALSE	FALSE	76		FALSE
201415005	王敏	94	76	56		75	88
201415006	高波		87	62	66	89	63
201415007	郑兰兰	93.5	78		FALSE	72	
201415008	齐亚	93	61	62	53		95
201415009	刘涛军	91		78	87	87	82
201415010	张雨宁	86	82	90	68	56	60
201415011	柴玛	58	66			71	

表 6-4 "期末成绩"数据表

学号	姓名	平时成绩	卷一成绩	卷二成绩
201415001	海青	90	41	65
201415002	杨英	90	80	69
201415003	张艳	100	76	71
201415004	袁耀鸿	90	46	54
201415005	王敏	100	90	80
201415006	高波	90	67	39
201415007	郑兰兰	80	54	75
201415008	齐亚	90	80	32
201415009	刘涛军	100	88	80
201415010	张雨宁	85	63	100
201415011	柴玛	90	55	76
201415012	何超	100	60	80
201415013	谭维	90	46	57
201415014	赵艳艳	95	50	87

2. 统计函数的使用

（1）使用统计函数 COUNT 求出每次实验成绩有效数据的个数

具体操作步骤如下：

① 依次在"实验记录"工作表中的 B13 和 B14 单元格中录入文本"有效数据个数"和"参加实验人数"。

② 单击 C13 单元格，选择"公式"选项卡上"函数库"组中的"插入函数"按钮，弹出"插入函数"对话框。

③ 在"搜索函数"文本框中输入 COUNT，单击"转到"按钮，下面的"选择函数"

列表框中的首行给出 COUNT 函数，单击选中它。列表框的下方给出了该函数的简单说明，具体操作可以单击对话框左下角的蓝色字体"有关该函数的帮助"。

④ 单击"确定"按钮，打开"函数参数"对话框，在"Value1"文本框中输入"C2:C12"，单击"确定"按钮，在 C13 单元格中将给出单元格区域中包含数字的单元格的个数。

⑤ 拖动 C13 单元格的填充柄，向右一直拖动到 H13 单元格，将分别求出每个实验的有效数据的个数。

说明：函数 COUNT 在计数时，将计算包含数字的单元格的个数，但是错误值或其他无法转化成数字的文字将被忽略。

（2）用 COUNTA 函数求每次参加实验的学生人数

COUNTA 函数可以计算区域中非空单元格的格式，统计逻辑值、文字或错误值。具体操作步骤如下：

① 单击"实验记录"工作表的 C14 单元格。

② 单击"公式"选项卡"函数库"组中的"插入函数"按钮，弹出"插入函数"对话框。

③ 在"搜索函数"文本框中输入"COUNTA"，单击"转到"按钮，下面的"选择函数"列表框中的首行给出 COUNTA 函数，单击选中它。

④ 单击"确定"按钮，打开"函数参数"对话框，在"Value1"文本框中输入"C2:C12"，单击"确定"按钮，在 C14 单元格中将给出单元格区域中非空单元格的个数，FALSE 将被计算进来。

⑤ 拖动 C14 单元格的填充柄，向右一直拖动到 H14 单元格，将分别求出每个实验参与的学生人数。

（3）求和公式的使用

使用公式求"期末成绩"工作表中"总成绩"列的和，保留 2 位小数。具体操作步骤如下：

① 单击"期末成绩"工作表的 F1 单元格，输入文本"总成绩"。

② 双击 F2 单元格，输入公式"=C2*0.1+D2*0.4+E2*0.5"，按【Enter】键完成。此时单元格中显示最后的计算结果。单击选中该单元格，编辑栏上将显示公式的原型，可以进行公式的修改。或者双击单元格也可以对公式进行修改。

③ 拖动 F2 单元格的填充柄，向下一直拖动到 F15 单元格，将求出所有同学的总成绩。

④ 用鼠标选择 F2:F15 的单元格区域，然后单击"开始"选项卡"数字"组中"增加小数位数"按钮，将小数位数调整为 2 位。

（4）使用函数 AVERAGE 函数求平均值

使用函数 AVERAGE 求"期末成绩"工作表中"总成绩"列"的平均值。具体操作方法如下：

① 单击选中单元格 E16，输入文本"平均成绩"。

② 单击选中单元格 F16，选择"开始"选项卡上"编辑"组"Σ自动求和"下拉列表中的"平均值"选项，在单元格中自动出现 AVERAGE 函数，数据区域自动选取数据范围 F2:F15，按【Enter】键完成平均成绩的计算。

（5）IF 函数的嵌套

用 IF 函数求"总成绩"列的等级：<60 的为不及格；>=60 并且<75 的为良好；>=75 为优秀。具体操作步骤如下：

① 单击 G1 单元格，输入文本"等级"。

② 单击 G2 单元格，单击"公式"选项卡上"函数库"组中的"插入函数"按钮，弹出"插入函数"对话框。

③ 在"搜索函数"文本框中输入"IF"，单击"转到"按钮，下面的"选择函数"列表框中的首行给出"IF"函数，单击选中它。

④ 单击"确定"按钮，弹出"函数参数"对话框，在 Logical_test 文本框中输入"F2<60"；在 Valuel_if_true 的文本框中输入"不及格"；在 Valuel_if_false 的文本框中单击鼠标，当光标在文本框中闪烁时，单击编辑栏名称框的下三角箭头，在下拉列表框中选择 if 选项。再次弹出一个新的函数参数对话框，此时为 if 函数的二级嵌套模式。

⑤ 在 Logical_test 文本框中输入"F2<75"，在 Valuel_if_true 的文本框中输入"良好"，在 Valuel_if_false 文本框中输入"优秀"，单击"确定"按钮。

⑥ 此时 G2 单元格显示计算结果，编辑栏显示 if 函数二级嵌套的原型"=IF(F2<60,"不及格",IF(F2<75,"良好","优秀"))"。选择 G2 单元格的填充柄，将公式从 G2 单元格填充到 G15，可以算出所有人总成绩的等级，如图 6-7 所示。

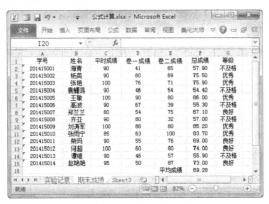

图 6-7 "公式计算结果"效果图

⑦ 选择"文件"→"保存"命令，保存文件。

3. 三角函数的使用

利用三角函数在 Sheet3 工作表中建立数据表，A 列放 x 值，$x \in [-2\pi, 2\pi]$，步长值 $H = \pi/32$；B 列放 $\sin x$ 值；C 列放 $\cos x$ 值；D 列放 $2\sin x + \cos 2x$ 的值；E 列放 $\sin 2x + (\cos x)^2$ 的值。具体操作步骤如下：

① 双击 Sheet3 工作表，重命名为"三角函数"。

② 在 A1、B1、C1、D1 单元格中分别输入"x""$\sin x$""$\cos x$""$2\sin x + \cos 2x$""$\sin 2x + (\cos x)^2$"作为标题行。

③ 单击 A2 单元格，输入公式"=-2*PI()"。

④ 单击 A3 单元格，输入公式"=A2+PI()/32"。

⑤ 选中 A3 单元格，拖动右下角的填充柄一直到 130 行，此时最后一个单元格中的数值为 2π 的值。A 列数据填充完成。

⑥ 单击 B2 单元格，选择"公式"选项卡"函数库"中的"插入函数"按钮，弹出"插入函数"对话框。

⑦ 在"或选择类别"的下拉列表中选择"数学与三角函数"选项。在"选择函数"下的列表框中选择 SIN 选项，单击"确定"按钮，弹出"函数参数"对话框。

⑧ 在 number 文本框中输入 A2，单击"确定"按钮。

⑨ 单击 C2 单元格，同步骤⑥至⑧,插入 COS 函数，参数同样为 A2。

⑩ 单击 D2 单元格，输入公式"=2*B2+COS(2*A2)"。

⑪ 单击 E2 单元格，输入公式"=SIN(2*A2)+C2*C2"。

⑫ 选中 B2:E130 单元格区域，选择"开始"选项卡上"编辑"组"填充"下拉列表中的"向下"命令。三角函数数据表填充完成。

⑬ 选择"文件"→"保存"命令，保存文件。

提高练习

1. FREQUENCY 函数的使用

打开"公式计算.xlsx"工作簿，选择"期末成绩表"工作表，利用 FREQUENCY 函数，求总成绩各分数段的学生人数。分段标准为：<60；60～70；70～80；80～90；90～100。

要求：按照图 6-8 所示，在"H1:H6"和"I1:I6"单元格区域中分别添加"分数标准"和"分数区间"数据内容。在 J1 单元格添加文本"学生人数"，并将计算的数值存放在 J2:J6 单元格区间内。

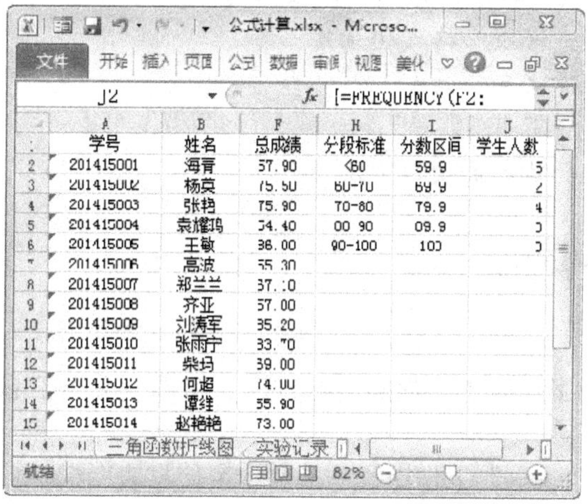

图 6-8 "分段统计"效果图

提示：插入函数时需选择 J2:J6 单元格区域，然后单击"公式"选项卡"函数库"组中的"插入函数"按钮，找到"FREQUENCY"函数，单击"确定"按钮打开"函数参数"对话框，在 Data_array 文本框中输入"F2:F15"，在 Bins_array 文本框中输入"I2:I6"，然后按【Ctrl+Shift+Enter】组合键，将会求出各分数段学生的人数。

2. 制作数据表，并完成如下操作

① 打开"公式计算.xlsx"工作簿，插入一张新的工作表，并给工作表重命名为"工资信息"，输入表 6-5 的内容。

② 利用公式计算"应发工资"和"实发工资"列的数值。应发工资="绩效 1+绩效 2+绩效 3+津贴"，实发工资="应发工资-房补-公积金"。

表 6-5 "工资信息"表

姓名	绩效 1	绩效 2	绩效 3	房补	津贴	公积金	应发工资	实发工资
王海洋	3200	2700	590	90		630		
郭振东	3100	2500	590	90	1000	630		
郑晓玲	3500	2900	600	90		630		
薛樊	4500	3200	660	110	1000	660		
张宁	5000	3500	730	110		660		
傅颖	3020	2300	550	80	1000	550		
林可欣	4000	3000	600	110		630		

③ 将"应发工资"和"实发工资"列设置成货币样式，货币符号为"￥"，千位分隔格式。

实验 6-3　Excel 的数据分析、图表化和页面设置

实验目的

- 掌握 Excel 数据表的排序、筛选、高级筛选、分类汇总等数据分析功能。
- 掌握图表的建立、修改和格式化方法。
- 熟悉数据清单的建立和修改。
- 熟悉页面设置，分页设置。
- 了解数据透视表的建立和使用方法。

实验内容与操作指导

1. 数据分析

对"学生信息表"工作表中的数据进行排序、筛选、分类汇总等数据分析和处理的操作，具体操作步骤如下：

① 打开"学生档案.xlsx"工作簿，单击"学生信息表"标签，选中数据清单中的任意一个单元格。单击"数据"选项卡上"排序和筛选"组中的"排序"按钮。弹出"排序"对话框。

② 在"主关键字"右侧的"列"下拉列表框中选择"性别"选项，"排序依据"选择"数值"选项，"次序"选择"降序"选项。

③ 单击"添加条件"按钮，出现"次要关键字"行，"列"下拉列表框中选择"年龄"，"排序依据"选择"数值"选项，"次序"选择"升序"选项。

④ 单击"确定"按钮，数据表以"性别"为主关键字，"年龄"为次关键字进行了排序。

⑤ 单击"数据"选项卡"分级显示"组中的"分类汇总"按钮，弹出"分类汇总"对话框。

⑥ 在"分类字段"的下拉列表框中选择"性别"选项；"汇总方式"下拉列表框中选

大学计算机应用基础实践教程

择"平均值"选项;"选定汇总项"列表框中选择"年龄"复选框。

⑦ 单击"确定"按钮,完成对男、女平均年龄的求值。可以单击行号左侧的数字级别按钮或加减号按钮查看每个级别的汇总结果,如图 6-9 所示。

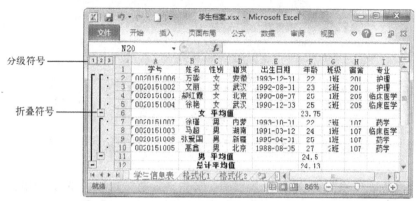

图 6-9 分类汇总

⑧ 单击"数据"选项卡上"排序和筛选"组中的"筛选"按钮,在标题行每个单元格后都出现一个"筛选器箭头"。

⑨ 选择"性别"列的"筛选器箭头",在下拉列表中只选中"女"选项的复选框。

⑩ 单击"确定"按钮后,数据表将只显示女生记录,其他记录自动隐藏。

⑪ 在工作表的开头插入 4 个空白行(也可以在工作表的任意空白位置输入)。在 C1 单元格中输入"年龄",C2 单元格">24";在 D1 单元格输入"专业",D2 单元格输入"临床医学",D3 单元格"药学"。

⑫ 选中数据清单中的任意一个单元格。单击"数据"选项卡"排序和筛选"组中的"高级"按钮,弹出"高级筛选"对话框。

⑬ 单击"方式"组下的"将筛选结果复制到其他位置"单选按钮。

⑭ "列表区域"会自动选取数据清单区域的单元格地址,也可以重新进行选择。单击"条件区域"后编辑框,用鼠标在工作表中直接拖选 C1:D3 单元格区域。单击"复制到"后的编辑框,在工作表空白区域中选择目标区域的首单元格。

⑮ 选中"选择不重复的记录"复选框,筛选时重复的记录将只显示一条。

⑯ 单击"确定"按钮,返回工作表界面,完成数据的高级筛选。

2．图表的建立

（1）为"成绩表"工作表创建柱形图图表

效果如图 6-10 所示,具体操作步骤如下:

① 选择"成绩表"工作表标签,单击 A1 单元格,按住【Shift】键同时单击 H9 单元格,此时选中 A1:H9 数据区域。

② 选择"插入"选项卡"图表"组中"柱形图"下拉列表中的"二维柱形图"子图表中的"簇状柱形图"命令。Excel 自动生成了一个嵌入式柱形图表,单击图表会在功能区出现图表工具的三个选项卡,分别为"设计""布局""格式"。

③ 单击"设计"选项卡"数据"组中的"切换行/列"按钮,图表将变为以学科为横坐标、成绩为纵坐标的样式。

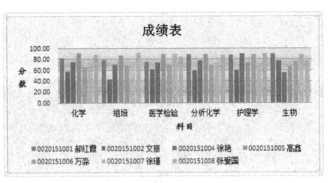

图 6-10 "成绩表"柱形图

④ 单击"设计"选项卡"数据"组中的"选择数据"按钮，弹出"选择数据源"对话框。

⑤ 在"图例项（系列）"下拉列表框中，选中"马超"选项，单击"删除"按钮。马超的数据在图表中将被删除。单击"确定"按钮，返回工作表界面。

⑥ 选择"设计"选项卡上"图表布局"组"快速布局"下拉列表中的"布局 3"命令。

⑦ 单击"图表标题"占位符，修改标题为"成绩表"。

⑧ 选择"布局"选项卡上"当前所选内容"组最上方下拉列表框中的"绘图区"选项。然后单击它下方的"设置所选内容格式"按钮，弹出"设置绘图区格式"对话框。

⑨ 在左侧列表框中选择"填充"选项，右侧选择"渐变填充"单选按钮。在"预设颜色"的下拉列表中选择"金色年华"选项，单击"关闭"按钮。

⑩ 同步骤⑧，打开"设置图表区格式"对话框。

⑪ 在左侧列表框中选择"填充"选项，右侧选中"图片或文理填充"单选按钮。在"纹理"下拉列表中选择"蓝色面巾纸"选项，单击"关闭"按钮。

⑫ 同步骤⑧，打开"设置坐标轴格式"对话框，设置"垂直（值）轴"的数字格式。在左侧列表框中选择"数字"选项，在右侧"小数位数"后面文本框中输入"2"，保留两位小数，单击"关闭"按钮。

⑬ 选择"布局"选项卡上"标签"组"坐标轴标题"下拉列表框，分别选择"主要横坐标标题"子菜单中的"坐标轴下方标题"选项，"主要纵坐标标题"子菜单中的"竖排标题"选项。并将纵坐标标题改为"分数"，横坐标标题改为"科目"。

⑭ 分别选择"分数""科目"文本框，选择"开始"选项卡上"字体"组中的相关按钮，设置字体为"华文楷体""12""加粗"。

⑮ 最后调整图表的大小，放在工作表的适当位置。选择"文件"→"保存"命令，保存文档。

（2）三角函数图表的制作

三角函数折线图如图 6-11 所示，具体操作步骤如下：

① 打开"公式计算.xlsx"工作簿，单击"三角函数"工作表。

② 选中 B1:E130 单元格区域，选择"插入"选项卡上"图表"组"折线图"下拉列表框中的"二维折线图"子图表中的"折线图"命令。Excel 自动生成折线图表。

③ 单击"设计"选项卡"位置"组中的"移动图表"按钮，弹出"移动图表"对话框。

④ 在"选择放置图表的位置"下，选中"新工作表"单选按钮，在其后面的文本框中

大学计算机应用基础实践教程

输入新工作表的名称"三角函数折线图"，单击"确定"按钮，图表移动到了"三角函数折线图"工作表中。选择"文件"→"保存"命令，保存文件。

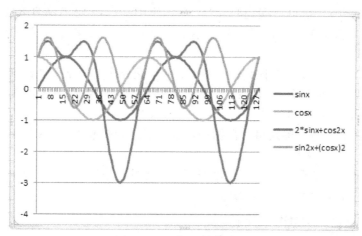

图 6-11 三角函数折线图

3. 数据透视表的建立

为"药品销售"数据表建立数据透视表，具体操作步骤如下：

① 启动 Excel，建立一个空白的、新的工作簿，在 Sheet1 中输入表 6-6 所示的内容。

表 6-6 "药品销售"数据表

药品名称	销售量（瓶或盒）	季度	销售地
阿胶补血颗粒	200	1	北京
白芝颗粒	150	2	上海
丹栀逍遥片	300	1	北京
儿童咳液	500	2	广州
复方和血丸	100	1	广州
阿胶补血颗粒	340	2	成都
白芝颗粒	600	1	北京
丹栀逍遥片	270	2	上海
儿童咳液	100	1	广州
复方和血丸	450	2	北京
阿胶补血颗粒	200	1	成都
白芝颗粒	120	2	上海
儿童咳液	260	2	上海

② 右击 Sheet1，在弹出的快捷菜单中选择"重命名"命令，为工作表重命名为"药品销售"。单击"快速访问工具栏"上的"保存"按钮，将工作簿以"数据透视表.xlsx"存储在 D 盘根目录下。

③ 单击数据清单中任意单元格，选择"插入"选项卡上"表格"组"数据透视表"下拉列表中的"数据透视表"选项，弹出"创建数据透视表"对话框。

④ 在"表/区域"文本框中已经给出了数据区域，如果不是需要的内容可以重新进行选择。

⑤ 选中"选择放置数据透视表的位置"下方的"选择现有工作表"单选按钮，单击"位置"文本框处，用鼠标单击 A16 单元格，单击"确定"按钮，在 A16 单元格处将创建一个数据透视表。

⑥ 在右侧"数据透视表字段列表"窗格，将"药品名称"字段拖动到"行标签"的位置，"季度"字段拖动到"列标签"的位置，"销售量（瓶或盒）"字段拖动到"数值"的位置，如图 6-12（a）所示。

⑦ 单击工作表的空白单元格，数据透视表完成，如图 6-12（b）所示。选择"文件"→"保存"命令，保存文档。

⑧ 用户还可以将销售地字段移到报表筛选标签处，查看每个销售地的不同情况。

（a）数据透视表字段列表　　　　（b）"药品销售"数据透视表

图 6-12　"数据透视表字段列表"窗格和"药品销售"数据透视表

4. 页面设置和文件打印

对"药品信息.xlsx"中的 Sheet1 工作表进行页面设置并预览。要求横向打印，药品类型相同的不跨页打印，添加页眉为工作簿的名称，靠左对齐，页脚为页码，居中对齐。每页都要打印出标题行内容，并且包含网格线。打印时打印 3 份，并取消逐份打印。具体操作步骤如下：

① 打开素材"药品信息.xlsx"工作簿。选择 Sheet1 工作表。

② 单击数据表中"药品类型"列中的任意一个单元格，选择"开始"选项卡上"编辑"组"排序和筛选"下拉列表中"升序"选项。

③ 单击不同药品类型第一条记录的行号，第 13 行和第 28 行，第一种药品类型"西药"不用选择。选择"页面布局"选项卡上"页面设置"组"分隔符"下拉列表中的"插入分页符"选项。不同类型的药品将被分置在不同的页面中。分页预览效果如图 6-13 所示。

④ 单击"页面布局"选项卡右下角的"页面设置"对话框启动器按钮，弹出"页面设置"对话框。

⑤ 在"页面"选项卡中，选中"方向"组下的"横向"单选按钮；"缩放比例"调整为 90%；"纸张大小"选择"A4"选项。

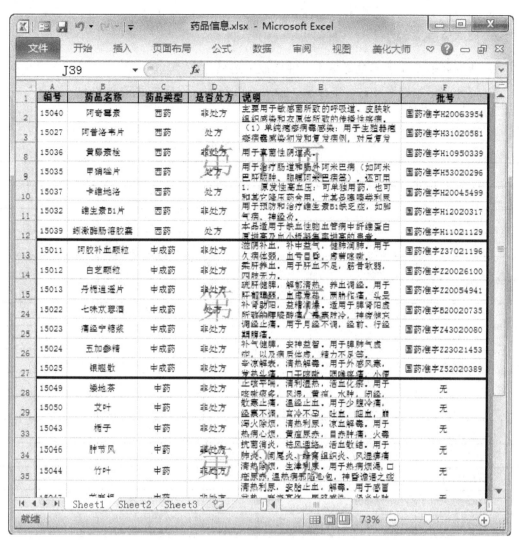

图 6-13 "分页预览"效果图

⑥ 选择"页边距"选项卡，居中方式选中"水平"和"垂直"复选框。

⑦ 切换到"页眉/页脚"选项卡，单击"自定义页眉"按钮，弹出"页眉"对话框，单击"左（L）"下的列表框，再单击"插入文件名"按钮，单击"确定"按钮返回；在"页脚"下拉列表中选择"第 1 页"选项。

⑧ 选择"工作表"选项卡，单击"打印区域"后的文本框，在数据表中选取要打印的单元格区域；单击"顶端标题行"后的文本框，选择数据表中的标题行，选择行号即可。选中"打印"下的"网格线"复选框。单击"确定"按钮完成页面设置。

⑨ 选择"文件"→"打印"命令，将右侧打印份数的微调按钮设为 3，选择一款打印机。

⑩ 选择"设置"组"调整"下拉列表中的"取消排序"命令，文档将不再逐份打印。

⑪ 最右侧查看打印预览效果，如果符合要求，即可单击"打印"按钮进行打印了。

1．建立如表6-7所示的数据表，并完成下述操作

① 打开"学生档案.xlsx"工作簿，插入一张新的工作表，并重命名为"选课"。按照表6-7所示的内容输入数据表。

表6-7 "选课"数据表

学号	姓名	性别	学年	总学时
1402033	李万	男	3	60
1307002	倪雯	女	2	120
1302006	蓝音	女	3	120
1503011	杨小涓	女	3	40
1402033	李万	男	1	80
1307002	倪雯	女	3	40
1207039	郑盈	女	3	40
1501055	赵东东	男	1	60
1302006	蓝音	女	1	80
1503011	杨小涓	女	2	40
1501055	赵东东	男	2	80
1503011	杨小涓	女	2	80
1402033	李万	男	1	40
1402033	李万	男	2	60
1207039	郑盈	女	2	40
1307002	倪雯	女	2	60
1501055	赵东东	男	3	80
1302006	蓝音	女	2	40
1503011	杨小涓	女	3	80

② 按姓名进行升序排序，并对"总学时"进行求和。

③ 筛选出男同学第1、3学年的选课情况。

④ 建立数据透视表，统计每个同学1、2、3学年选课的总学时，具体如图6-14所示。

2．创建如图6-15所示的工作表和柱形图

要求：创建的图表为独立图表；背景墙填充为渐变颜色，具体为："橙色蓝，强调文字颜色6，淡色60%"效果；图标区格式填充纯色，具体为：

求和项:总学时	列标签			
行标签	1	2	3	总计
蓝音	80	40	120	240
李力		60		60
李万	120		60	180
倪雯		180	40	220
杨小涓		120	120	240
赵东东	60	80	80	220
郑盈		40	40	80
总计	260	520	460	1240

图6-14 "选课学时统计"数据透视表

"白色，背景 1，深色 5%"，并设置三维旋转 "x 为 100 度，y 为 60 度"；添加坐标轴标题和图表标题。

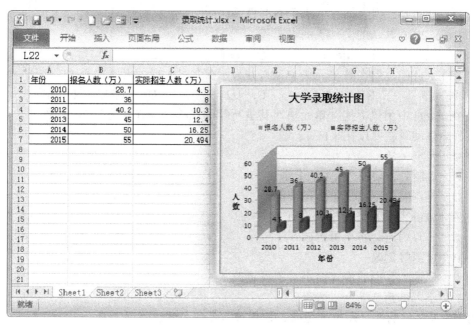

图 6-15 "录取统计"柱形图

自 测 题 6

一、单项选择题

1. 在 Excel 中工作簿是指（　　　）。
   A. 图表
   B. 不能有若干类型的表格共存的单一电子表格
   C. 数据库
   D. 在 Excel 环境中用来存储和处理工作数据的文件

2. 在 Excel 中单元格地址是指（　　　）。
   A. 每一个单元格
   B. 每一个单元格的大小
   C. 单元格所在的工作表
   D. 单元格在工作表中的位置

3. 在 Excel 2010 中，每张工作表由（　　　）个单元格组成。
   A. 256×256　　　B. $2^{14} \times 2^{20}$　　　C. $256 \times 65\,536$　　　D. 无限多个

4. 在 Excel 中活动单元格是指（　　　）的单元格。
   A. 能被移动　　　　　　　　B. 每一个都是活动
   C. 正在处理　　　　　　　　D. 能进行公式计算

5. 在 Excel 中将单元格变为活动单元格的操作是（　　　）。
   A. 将鼠标指针指向该单元格

B．单击该单元格

C．在当前单元格内键入该目标单元格地址

D．没必要，因为每一个单元格都是活动的

6．Excel 2010 默认的文件扩展名是（　　　）。

  A．.xlsx   B．.docx   C．.dbf   D．.txt

7．在 Excel 中，要在某单元格中输入并显示分数 "1/2"，应该输入（　　　）。

  A．0.5   B．1～0.5   C．1/2   D．0 空格 1/2

8．在 Excel 中用鼠标拖动单元格对其进行复制或移动操作，方法为（　　　）。

  A．移动时，要按住【Ctrl】键

  B．完全一样

  C．复制时，要按住【Ctrl】键

  D．复制时，要按住【Shift】键

9．在 Excel 中单元格的格式设置（　　　）。

  A．一旦确定，将不可更改

  B．可随时更改

  C．依输入数据的格式而定，不可更改

  D．不可取消

10．单元格中的数据发生变化时，使用该数据的公式，运算结果（　　　）。

  A．一定会显示出错信息   B．不会发生改变

  C．与操作数没有关系   D．会发生相应的改变

11．Excel 公式中的运算符作用是（　　　）。

  A．对数据进行分类

  B．用于指定对操作数或单元格引用的数据执行何种运算

  C．为数据的运算结果赋值

  D．在公式中必须出现的符号，以便操作

12．默认情况下，启动 Excel 工作窗口之后，每个工作簿由 3 张工作表组成，工作表名字分别为（　　　）。

  A．工作表 1、工作表 2、工作表 3

  B．Bookl、Book2、Book3

  C．Sheet1、Sheet2、Sheet3

  D．工作簿 1、工作簿 2、工作簿 3

13．启动 Excel 之后，自动建立一个名为（　　　）的空白工作簿。

  A．Sheet1   B．工作簿 1   C．Excel1   D．Book1

14．在 Excel 单元格中，下列公式会产生错误的是（　　　）。

  A．=SUM()   B．=SUM(C2:C3)

  C．=SUM(C2)   D．=SUM(C2,C3)

15．Excel 中将 A2 单元格的内容复制到 B5 单元格，下面（　　　）操作是错误的。

  A．选定 A2 单元格

  B．单击"开始"选项卡上"剪贴板"组中的"剪切"按钮。此时 A2 边框以虚线形式闪烁

C．单击"开始"选项卡上"剪贴板"组中的"复制"按钮

D．单击"开始"选项卡上"剪贴板"组中的"粘贴"按钮

16．已知单元格 A1 到 D1 中分别存放数值 2、4、6、8，单元格 E1 中存放着公式=SUM(A1:D1)，此时将单元格 C1 移动到 C2，则 E1 中的结果变为（　　　）。

    A．20　　　　　　　　B．14　　　　　　　　C．0　　　　　　　　D．#REF

17．在 Excel 中，创建图表时，图表和其引用的数据（　　　）。

    A．只能在同一个工作表中

    B．不能在同一个工作表中

    C．既可在同一个工作表中，也可在同一工作簿的不同工作表中

    D．只有当工作表在屏幕上有足够显示区域时，才可在同一个工作表中

18．Excel 中降序排列时，若排序的数据表中有空行，则空行会被（　　　）。

    A．放置在排序后数据表的第一行

    B．放置在排序后数据表的最后一行

    C．不排序

    D．保持原始次序

19．某个 Excel 单元格中的数值为大于 0 的数，但其显示结果却是"###"。使用（　　　）操作，可以正常显示数据内容。

    A．重新输入数据　　　　　　　　B．加大该单元格的行高

    C．使用复制命令复制数据　　　　D．加大该单元格的列宽

20．将数据表中小于 50 的所有单元格都以红色显示，可以使用（　　　）命令实现。

    A．条件格式　　　　　　　　　　B．自动套用格式

    C．样式　　　　　　　　　　　　D．填充

21．有关编辑 Excel 单元格内容的说法不正确的是（　　　）。

    A．单击单元格，在编辑栏内进行编辑

    B．在修改内容后按【Enter】键，可以完成单元格内容的修改

    C．双击单元格，可对其内容进行修改

    D．向单元格输入字符串时，必须在其前加上单引号

22．分类汇总之前，必须对数据表进行的操作是（　　　）。

    A．排序　　　　　B．有效性计算　　　C．筛选　　　　　D．合并计算

23．在 Excel 单元格内输入公式时，在表达式前添加的前缀字符为（　　　）。

    A．左圆括号"("　　　　　　　　B．等号"="

    C．美元号"$"　　　　　　　　　D．单撇号"'"

24．在 Excel 的单元格中输入字符串 0100080 时，应输入（　　　）才可以使最前面的 0 保留下来。

    A．0100080　　　B．″0100080　　　C．'0100080　　　D．0100080′

25．同一工作簿中要把 Sheet3 移动到 Sheet1 前面，应进行的操作（　　　）。

    A．单击 Sheet3 标签，左键拖动到 Sheet1 前放开即可

    B．单击 Sheet3 标签，按住【Ctrl】键的同时拖动鼠标到 Sheet1 前放开即可

    C．单击 Sheet3 标签，选择"开始"选项卡上"剪贴板"组"复制"下拉列表中的"复制"选项，然后单击 Sheet1 标签，再单击"剪贴板"组的"粘贴"按钮

D．单击 Sheet3 标签，按住【Shift】键的同时拖动鼠标到 Sheet1 前放开即可

26．Excel 单元格中的数值型数据，默认为（　　　）。

    A．居中　　　　　B．左对齐　　　　　C．右对齐　　　　　D．随机

27．在 Excel 工作表单元格中，输入下列（　　　）公式会产生错误信息。

    A．=(15-A1)/3　　　　　　　　　　B．=A2/C1

    C．SUM(A2:A4)/2　　　　　　　　D．=A2 A3 D4

28．当向 Excel 工作表单元格输入公式时，使用单元格地址 D$2，该引用称为（　　　）。

    A．交叉地址引用　　　　　　　　B．混合地址引用

    C．相对地址引用　　　　　　　　D．绝对地址引用

29．下列操作中，不能在单元格中输入函数的是（　　　）。

    A．单击编辑栏中的"插入函数"按钮 *f*_x

    B．单击"公式"选项卡"函数库"组中的"插入函数"按钮

    C．单击"插入"选项卡"文本"组中的"对象"按钮

    D．先在单元格中输入"="，然后在编辑栏"名称框"的下拉列表中选择所需函数

30．求 A1 和 B2 两个单元格内数据的和，正确的格式是（　　　）。

    A．SUM(A1:B2)　　　　　　　　　B．=SUM(A1+B2)

    C．=SUM(A1,B2)　　　　　　　　D．=SUM(A1:B2)

31．Excel 的工作簿是由（　　　）构成。

    A．表格　　　　　B．文档　　　　　C．数据　　　　　D．工作表

32．单元格中的内容超过其显示宽度时，下列叙述中不正确的是（　　　）。

    A．可能占用其左侧单元格的显示空间全部显示出来

    B．可能占用其右侧单元格的显示空间全部显示出来

    C．可能只显示部分内容，多余的部分被其右侧单元格中的内容遮盖

    D．单元格中可能显示"###"的错误信息

33．函数 SUM(B1:B4)等价于（　　　）。

    A．SUM(A1:B4+B1:C4)　　　　　B．SUM(B1+B4)

    C．SUM(B1+B2:B3+B4)　　　　　D．SUM(B1,B2,B3,B4)

34．如果公式中输入了未定义的名称，显示的出错信息是（　　　）。

    A．#N/A　　　　B．#NAME　　　　C．#NUM!　　　　D．#REF!

35．不能修改单元格中的数据的操作是（　　　）。

    A．双击该单元格

    B．选中该单元格后，按【F2】键

    C．选中该单元格后，按【F3】键

    D．选中该单元格后，单击编辑栏

36．Excel 对数据表中的数据不能进行的操作是（　　　）。

    A．求和　　　　　B．汇总　　　　　C．排序　　　　　D．索引

37．"设置单元格格式"对话框中包括"数字""（　　　）""边框""字体"、"填充"和"保护"选项卡。

    A．颜色　　　　　B．对齐　　　　　C．样式　　　　　D．图案

38. 下面关于工作表命名的说法，正确的是（　　　）。

　　A. 一个工作簿中不能存在同名的两张工作表

　　B. 工作表名称可以定义成任何字符，任何长度

　　C. 工作表的名称只能以字母开头，且最多不超过 32 字节

　　D. 工作表的名称不可更改

39. 下面关于工作表移动或复制的说法，正确的是（　　　）。

　　A. 工作表只能在本工作簿内进行移动和复制

　　B. 工作表的复制可以只复制单元格格式

　　C. 工作表的移动或复制不限于本工作簿，可以跨工作簿进行

　　D. 工作表的移动是指移动到不同的工作簿中，在本工作簿不能进行

40. 对于 Excel 工作表的安全性叙述，下列说法错误的是（　　　）。

　　A. 可以将一个工作簿中某一张工作表保护起来

　　B. 可以将某些单元格保护起来

　　C. 可以将某些单元格隐藏起来

　　D. 工作表可以有打开权限和修改权限双重保护

41. 关于已经建立好的图表，下列说法正确的是（　　　）。

　　A. 图表是一种特殊类型的工作表

　　B. 图表中的数据不可修改

　　C. 图表可以复制和删除

　　D. 图表不随数据源数据的变化改变

42. "开始"选项卡"编辑"组中的"清除"命令不可以实现的是（　　　）。

　　A. 清除单元格的全部内容

　　B. 清除单元格内的文字或公式

　　C. 清除单元格内的批注和格式

　　D. 删除单元格

43. Excel 中状态栏的作用有（　　　）。

　　A. 显示当前的工作状态　　　　　　　　B. 显示键盘模式

　　C. 显示工作簿的名称　　　　　　　　　D. 显示编辑内容

44. 如要将 Sheet1、Sheet2、Sheet3 这 3 张工作表（连续的）定义为一个工作表组，下列操作方法正确的是（　　　）。

　　A. 单击 Sheet1 标签、按【Ctrl】键的同时依次单击 Sheet2、Sheet3 标签

　　B. 单击 Sheet1 标签、依次单击 Sheet2、Sheet3 标签

　　C. 右击 Sheet1 标签、按【Shift】键的同时右击 Sheet3 标签

　　D. 单击 Sheet1 标签、按【Ctrl】键的同时单击 Sheet3 标签

45. 要在 D 列和 E 列之间插入新的一列，首先要执行的操作是（　　　）。

　　A. 单击 D 列列号

　　B. 单击 E 列列号

　　C. 双击 D 列中的任一单元格

　　D. 双击 E 列中的任一单元格

46．要撤销最近执行的一条命令，可用的方法是（　　　）。

    A．单击"快速访问工具栏"中的"撤销"按钮

    B．单击"开始"选项卡上"单元格"组中的"删除"按钮

    C．按【Ctrl+Y】组合键

    D．单击"开始"选项卡上"编辑"组中的"清除"按钮

47．下列关于公式输入说法错误的是（　　　）。

    A．公式必须以等号"＝"开始

    B．公式中可以是单元格引用、函数、常数，用运算符组合起来

    C．一个公式中只能引用同一个工作表中的数据

    D．公式中引用的单元格内容，可以是数值，也可以是公式

48．下列哪个选项可以撤销单元格内容的录入（　　　）。

    A．按【Esc】键　　　　　　　　　　B．按【Enter】键

    C．按【Tab】键　　　　　　　　　　D．按【Ctrl】键

49．在 Excel 中，并不是所有命令执行以后都可以撤销，下列（　　　）操作可以撤销。

    A．插入工作表　　　　　　　　　　B．复制工作表

    C．删除工作表　　　　　　　　　　D．移动单元格的位置

二、填空题

1．在 Excel 工作表中，数据填充是输入重复而有规则的数据，具体的操作方法是将鼠标指针移到活动单元格右下角的_____上再拖动。

2．Excel 单元格中的文本型数据，默认的对齐方式为_____。

3．当输入到 Excel 工作表单元格中的公式不能正确计算时，会在单元格中显示出错信息，出错信息以_____开头。

4．在 Excel 程序窗口的编辑栏中单击，左侧会出现 3 个按钮，分别是_____按钮、_____按钮、_____按钮。

5．Excel 单元格中的数字格式默认为_____对齐。

6．在 Sheet2 中引用 Sheet4 工作表中的 B6 单元格，应当输入_____。

7．在 Excel 中，第二行第五列的单元格地址为_____。

8．Excel 函数中各参数间的分隔符号一般用_____。

9．假设在 B5 单元格中保存的是公式"=SUM(B2:B4)"，将其复制到 D5 单元格后，公式将变为_____；复制到 C7 单元格后公式将变为_____；复制到 D6 单元格后公式将变为_____。

10．Excel 中正在处理的单元格称为_____单元格。

11．_____的含义是：把一个含有单元格地址引用的公式复制到一个新的位置或用一个公式填入一个选定范围时，公式中的单元格地址会根据情况而改变。_____的含义是：把一个含有单元格地址引用的公式复制到一个新的位置或用一个公式填入一个选定范围时，公式中的单元格地址保持不变。

12．B4 单元格中输入公式"=5+3*2"，按【Enter】键后该单元格显示的内容为_____。

13．Excel 中的公式是由_____和_____构成的表达式。

14．单元格 A1 到 A3 中分别输入 1、2、3，单元格 B1 到 B3 中分别输入 10、20、30，单元格 C1 到 C3 中分别输入 100、200、300，D2 中存放公式"=SUM（A1:C3）"，D3 中存放公式"=SUM(A1,C3)"，则 D2 中显示的结果是_____，D3 中显示的结果是_____。

三、问答题

1．简述 Excel 的三要素，以及它们之间的关系。

2．Excel 对单元格的引用有哪几种方式？

3．请说出公式"=Sheet3!C2+Sheet4!C8+成绩单！A4"的含义。

4．不连续的单元格区域的选定是如何操作的？

5．单元格的清除与单元格的删除有什么不同？

第章

演示文稿制作软件 PowerPoint 2010

 导读

本章主要包含 2 个实验内容。实验 7-1 通过讲解新建演示文稿，从而使学生掌握模板和主题的使用方法，以及幻灯片版式的设计方法。实验 7-2 主要讲解如何给幻灯片添加对象，以及如何给各对象设计合适的动画效果。

实验 7-1 PowerPoint 基本操作和幻灯片设计

 实验目的

- 掌握 PowerPoint 的启动与退出方法。
- 掌握利用模板创建演示文稿及保存的方法。
- 掌握幻灯片版式设计的方法。

实验内容与操作指导

1. 演示文稿的创建与保存

（1）演示文稿的创建

方法一：启动 PowerPoint，系统自动新建一个名为"演示文稿 1"的空白演示文稿，文稿内包含一张幻灯片，如图 7-1 所示。

方法二：

① 选择"文件"→"新建"命令，弹出"新建"任务列表窗格，如图 7-2 所示。

② 在"可用的模板和主题"中，单击"样本模板"，打开"样本模板"列表界面，如图 7-3 所示。

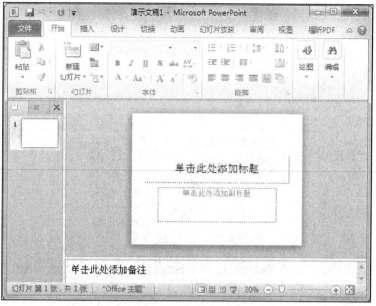

图 7-1　空白演示文稿

图 7-2　"新建"任务列表窗格

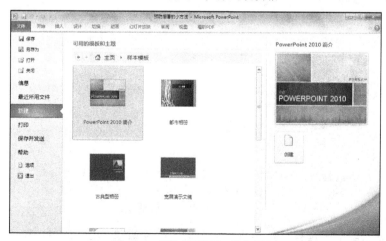

图 7-3　"样本模板"列表界面

③ 单击"现代型相册"，然后单击"创建"按钮，创建具有 6 张幻灯片的演示文稿，如图 7-4 所示。

图 7-4 现代型相册

（2）演示文稿的保存

具体操作步骤如下：

① 单击"快速访问工具栏"上的"保存"按钮，或者选择"文件"→"保存"或"另存为"命令，弹出"另存为"对话框，如图 7-5 所示。

图 7-5 "另存为"对话框

② 在左侧列表框中选择"计算机"组中的"本地磁盘(D:)"选项，在"文件名"后的文本框中输入"现代型相册"，然后单击"保存"按钮。

2. 幻灯片版式设计

① 在"现代型相册"演示文稿中，选中第 5 张幻灯片，右击，在弹出的快捷菜单中选择"版式"命令，打开"现代型相册"版式列表，如图 7-6 所示。

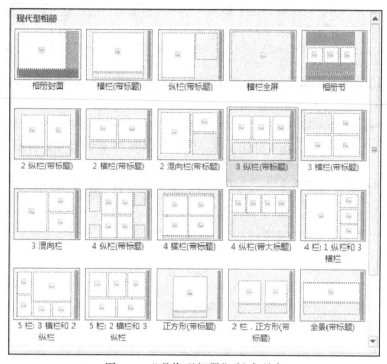

图 7-6 "现代型相册"版式列表

② 选择"3 纵栏（带标题）"命令，为第 5 张幻灯片应用该版式。

实验 7-2 幻灯片的编辑

实验目的

● 掌握演示文稿添加多媒体对象的技巧。
● 掌握使用母版、主题快速设置演示文稿的方法。
● 掌握为演示文稿增加动画效果的方法。

实验内容与操作指导

1. 编辑幻灯片及其对象

（1）演示文稿的创建与保存

① 启动 PowerPoint 2010，系统自动新建一个名为"演示文稿 1"的空白演示文稿，文稿内包含一张幻灯片。

② 选择"文件"→"保存"命令，将演示文稿保存到 D:盘，文件名为"预防感冒的小方法"。

（2）编辑幻灯片

① 选择"开始"选项卡，单击"幻灯片"组中的"新建幻灯片"按钮，插入一张新幻灯片，反复操作，最终插入15张幻灯片，如图7-7所示。

图7-7　新建幻灯片

② 单击PowerPoint工作界面右下角 图图图图 按钮，切换到"幻灯片浏览"视图。

③ 单击第2张幻灯片，按【Shift】键，然后单击第15张幻灯片，将第2到第15张幻灯片全部选中。

④ 选择"开始"选项卡上"幻灯片"组"版式"下拉列表中的"标题和内容"版式，如图7-8所示。

图7-8　版式列表

⑤ 单击最后一张幻灯片，按照步骤④的方法设置为"空白"版式。

（3）在幻灯片中插入各种对象

① 在每张幻灯片的占位符中，输入相应的文本、插入图片，调整占位符的大小，在最后一张幻灯片中，插入艺术字"一定要注意身体健康啊"，如图7-9、图7-10和图7-11所示。

图 7-9 在幻灯片中插入对象（一）

图 7-10 在幻灯片中插入对象（二）

图 7-11 在幻灯片中插入对象（三）

② 单击第 2 张幻灯片，在"插入"选项卡上"表格"组"表格"下拉列表中拖动鼠标，插入一个 4 行 2 列的表格。

③ 选中第一列，右击，在弹出的快捷菜单中选择"合并单元格"命令，然后按照图示在各单元格中输入相应内容。

④ 选择"插入"选项卡上"媒体"组"音频"下拉列表中的"文件中的音频"选项，弹出"插入音频"对话框，如图 7-12 所示。选择"健康歌.mp3"，单击"插入"按钮，将所需的音频剪辑直接嵌入到演示文稿中。

图 7-12 "插入音频"对话框

⑤ 在幻灯片上，选择音频剪辑图标，选择"音频工具/播放"选项卡上"音频选项"组"开始"列表中的"跨幻灯片播放"命令，并勾选"放映时隐藏"和"循环播放，直到停止"复选框。

2．使用母版、主题快速设置演示文稿

（1）使用主题

选择"设计"选项卡"主题"组中的"波形"选项，如图 7-13 所示，为演示文稿设置波形主题。

图 7-13 "主题"组

（2）使用母版

① 选择"视图"选项卡，单击"母版视图"组中的"幻灯片母版"命令，如图 7-14 所示。

图 7-14　母版视图

② 在打开的"幻灯片母版"视图左侧窗格中，单击第一张幻灯片，如图 7-15 所示。

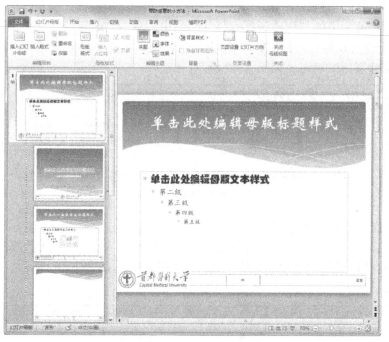

图 7-15　"幻灯片母版"视图

③ 在"插入"选项卡上的"图像"组中，单击"图片"按钮，弹出"插入图片"对话框，如图 7-16 所示。

图 7-16　"插入图片"对话框

④ 选择图片，单击"插入"按钮，将图片插入到幻灯片，并拖动到幻灯片左下角。

⑤ 单击第 2 张幻灯片（标题幻灯片），插入图片，并拖动到幻灯片下端居中。

⑥ 在"视图"选项卡的"演示文稿视图"组中单击"普通视图"命令，回到普通视图界面，可以看到幻灯片的相应位置都增加了图片。

3．为演示文稿增加动画效果

（1）设置幻灯片切换效果

在"切换"选项卡的"切换到此幻灯片"组中，单击"显示"按钮，然后在"计时"组中，选中"设置自动换片时间"复选框，并在后面的微调框中设置所需的秒数"00:02.00"，最后单击"全部应用"按钮，如图 7-17 所示。

图 7-17 "切换"选项卡

（2）设置幻灯片内动画效果

① 选择第 2 张幻灯片，单击选中表格，在"动画"选项卡"动画"组中单击"飞入"按钮。在"计时"组中"开始"后的下拉列表中选择"上一动画之后"命令，如图 7-18 所示。

图 7-18 "动画"选项卡

② 选择第 3 张幻灯片，选中正文文本，在"动画"选项卡"动画"组中单击"浮入"按钮。在"计时"组中"开始"后的下拉列表中选择"上一动画之后"，然后双击"高级动画"组中的"动画刷"按钮。

③ 按【PgDn】键，切换到第 4 张幻灯片，单击正文文本，从而将第 3 张幻灯片的动画效果复制到第 4 张幻灯片。同样的方法，将动画效果复制到第 5 至第 14 张幻灯片中的正文文本，最后单击"高级动画"组中的"动画刷"按钮，取消动画刷命令。

④ 选择第 8 张幻灯片，单击选中图片，在"动画"选项卡"动画"组中单击"轮子"按钮，在"计时"组中"开始"后的下拉列表中选择"上一动画之后"，然后双击"高级动画"组中的"动画刷"按钮。

⑤ 按【PgDn】键，将动画效果复制到第 9 至第 16 张幻灯片中的图片，最后单击"高级动画"组中的"动画刷"按钮，取消动画刷命令。

自 测 题 7

一、单项选择题

1．PowerPoint 2010 演示文稿的扩展名是（   ）。

    A．.docx   B．.xls   C．.pptx   D．.pot

2．PowerPoint 2010 工作窗口的组成部分不包括（   ）。

    A．标题栏   B．菜单栏   C．工具栏   D．数据编辑区

3．PowerPoint 2010 中演示文稿与幻灯片的关系是（   ）。

    A．演示文稿中包含幻灯片   B．相互包含

    C．幻灯片中有演示文稿   D．相互独立

4．下列不是 PowerPoint 2010 视图的是（   ）。

    A．普通视图   B．幻灯片浏览视图

    C．备注页视图   D．讲义视图

5．PowerPoint 2010 主窗口右下角有 4 个视图按钮："普通视图""阅读视图""幻灯片放映"和（   ）。

    A．备注页视图   B．大纲视图   C．幻灯片浏览   D．文本视图

6．PowerPoint 2010 中在（   ）视图中不能进行文字编辑与格式化。

    A．幻灯片   B．大纲   C．幻灯片浏览   D．普通

7．在（   ）视图下能实现多张幻灯片同时显示。

    A．幻灯片视图   B．大纲视图

    C．幻灯片浏览视图   D．备注页视图

8．在 PowerPoint 2010 中，选择不连续的多张幻灯片，可用（   ）键。

    A．【Tab】   B．【Alt】   C．【Shift】   D．【Ctrl】

9．要选中所有幻灯片，哪种方法不能实现（   ）。

    A．使用【Ctrl+A】组合键

    B．使用"编辑"组"选择"下拉列表中的"全选"命令

    C．使用【Shift+A】组合键

    D．使用鼠标并按住【Ctrl】键逐个点击

10．在 PowerPoint 2010 的幻灯片视图窗格中，要删除选中的幻灯片，不能实现的操作是（   ）。

    A．按下键盘上的【Delete】键

    B．右击，在弹出的快捷菜单中选择"删除"命令

    C．右击，在弹出的快捷菜单中选择"隐藏幻灯片"命令

    D．单击"开始"组中的"剪切"命令

11．PowerPoint 2010 中，有关选定幻灯片的说法中错误的是（   ）。

    A．在幻灯片浏览视图中单击幻灯片，即可选定

    B．如果要选定多张不连续幻灯片，在浏览视图下按【Ctrl】键并依次单击各张幻灯片

C. 如果要选定多张连续幻灯片，在浏览视图下，先选中第一个幻灯片，再按下【Shift】键并单击最后要选定的幻灯片

D. 在幻灯片浏览视图下，不可以选定多个幻灯片

12. 对某张幻灯片进行了隐藏设置后，则（　　　）。

A. 在普通视图的幻灯片窗格中，该张幻灯片被隐藏了

B. 在阅读视图中，该张幻灯片被隐藏了

C. 在幻灯片浏览视图中，该张幻灯片被隐藏了

D. 在幻灯片放映状态下，该张幻灯片被隐藏了

13. 打印演示文稿时，每页打印纸上最多能输出（　　　）张幻灯片。

A. 2　　　　　　　　B. 4　　　　　　　　C. 6　　　　　　　　D. 9

14. 在 PowerPoint 2010 中，要使某个幻灯片与其母版不同，（　　　）。

A. 这是做不到的

B. 可以设置该幻灯片不使用母版

C. 可以直接修改该幻灯片

D. 可以重新设置母版

15. 幻灯片中占位符的作用是（　　　）。

A. 表示文本长度　　　　　　　　B. 限制插入对象的数量

C. 表示图形大小　　　　　　　　D. 为文本、图形预留位置

16. 设置动画时，以下不正确的说法是（　　　）。

A. 声音和图片对象均可设置动画

B. 动画设置后，先后顺序不可改变

C. 视频文件也可设置动画效果

D. 可将对象设置成播放后隐藏

17. 在 PowerPoint 2010 含有多个对象的幻灯片中，选定某对象，在"动画"选项卡下，设置"飞入"效果后，则（　　　）。

A. 该幻灯片放映效果为飞入

B. 该对象放映效果为飞入

C. 下一张幻灯片放映效果为飞入

D. 未设置效果的对象放映效果也为飞入

18. 当一张幻灯片要建立超级链接时，（　　　）的说法是错误的。

A. 可以链接到其他的幻灯片上

B. 可以链接到其他对象如 Word、Excel 等

C. 可以链接到其他演示文稿上

D. 不可以链接某个网址

19. 在幻灯片中设置超级连接，（　　　）对象不能进行超级链接的设置。

A. 文本内容　　　　　　　　　　B. 形状对象

C. 图片对象　　　　　　　　　　D. 视频对象

20. 超级链接只有在下列哪种视图中才能被激活（　　　）。

A. 普通视图　　　　　　　　　　B. 阅读视图

C. 幻灯片浏览视图　　　　　　　D. 幻灯片放映视图

21. 如要终止幻灯片的放映，可直接按（　　　）键。

    A.【Ctrl＋C】   B.【Esc】   C.【End】   D.【Alt＋F5】

22. 在幻灯片放映时，如果使用荧光笔，则错误的说法是（　　　）。

    A. 可以在幻灯片上随意涂画

    B. 可以随时更换笔的颜色

    C. 在幻灯片上做的记号将在退出幻灯片放映时不能保留

    D. 可以用橡皮擦除墨迹

二、填空题

1. 一个演示文稿通常由若干_____组成。

2. 在 PowerPoint_____视图中只能看到文字信息。在幻灯片的版面上有一些带有文字提示的虚框，这些虚框称为_____。

三、简答题

PowerPoint 的 4 种基本视图分别是什么？各有什么特点？

第**8**章

图形图像处理软件 Photoshop

导读

本章主要包含3个实验内容。实验8-1是图像选区与绘图实训，通过实验练习，学生要掌握数字图像的文件操作、图像的基本操作、图像颜色的调整和图像选区的制作。实验8-2是图层与文字效果实训，通过实验练习，学生要掌握图层的基本操作和文字图层的制作。实验8-3是路径、通道和滤镜实训，通过实验练习，学生要掌握路径的制作和调整，文字路径的制作等操作。

实验 8-1　图像选区与绘图

实验目的

● 掌握数字图像的文件操作，图像的基本操作，图像颜色的调整，图像选区的制作。

● 熟悉数字图像的颜色模式及 Photoshop 的图像颜色模式，Photoshop 工作界面，图像的创作和处理。

● 了解常用图像格式。

实验内容与操作指导

本节实验的主要内容是利用 Photoshop CS6 进行文件操作，调整图像尺寸、颜色及颜色模式，制作图像的选区、创作图像并修复图像，通过实验内容掌握在 Photoshop 中制作和处理图像的基本操作。

1. 在 Photoshop 中进行文件操作和图像尺寸调整

（1）运行 Photoshop CS6，熟悉程序界面

运行 Photoshop 常用以下两种方法：

方法一：选择"开始"→"所有程序"→Adobe Photoshop CS6 命令。

方法二：双击桌面的 Adobe Photoshop CS6 快捷方式图标![Ps]。

（2）打开图像文件，了解文件信息

方法一：在 Photoshop 中选择"文件"→"打开"命令，在对话框中指定素材文件"长廊.jpg"，打开图像文件。选择"文件"→"文件简介"命令，在对话框中选择"相机数据"选项卡，显示出此数码相片获取的相机信息、图片大小、分辨率等相关信息，如图 8-1（a）所示。

方法二：打开桌面上"计算机"窗口，在地址栏中定位此图像文件，右击文件后在快捷菜单中选择"属性"命令，在对话框中选择"详细信息"选项卡，如图 8-1（b）所示，显示出图片的相关详细信息。

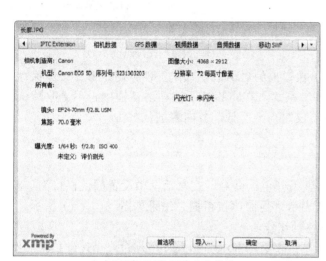
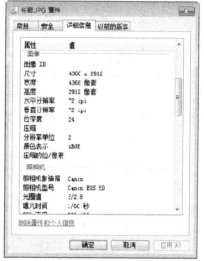

（a）"长廊.JPG"图像文件信息 　　　　　（b）"长廊.JPG"属性

图 8-1　图像文件信息

（3）缩小图像尺寸

① 选择"图像"→"图像大小"命令，弹出"图像大小"对话框，选择"约束比例"复选项，单位选择"百分比"，在"宽度"栏中输入"50"，确定后图像尺寸缩小为原图像的一半，长宽比未改变，图像文件大小由之前的 36.4 MB 减小为 9.1 MB，如图 8-2（a）所示。

② 选择"视图"→"按屏幕大小缩放"命令，将图像的显示比例扩大至整个图像窗口。

（4）裁剪图像

选择工具箱中"裁剪工具"![裁剪]，图像四周出现控制点，鼠标向左拖动图像右侧中间的控制点，减少图像宽度为 67 cm 左右的位置。单击工具选项栏中的"提交当前裁剪操作"按钮![对勾]，应用裁剪操作。

（5）旋转图像

选择"图像"→"图像旋转"→"水平翻转画布"命令，图像内容左右互换，旋转后的图像如图 8-2（b）所示。

（a）"长廊"原图　　　　　　　　　　　　（b）"长廊"旋转后效果

图 8-2　"长廊"原图和旋转后效果图像

（6）保存文件

选择"文件"→"存储为"命令，在弹出的对话框中选定文件存储位置，文件保存为"长廊_裁剪"，文件格式指定为"TIFF"格式。在"TIFF"选项对话框中，不更改默认参数值直接确认保存文件，此时的文件不仅缩小，而且部分内容被裁剪。

2. 转换图像的颜色模式

① 打开素材文件"长廊.jpg"。

② 选择"图像"→"模式"→"索引颜色"命令，在对话框中设置颜色栏目为"8"，确认操作后图像因为只能用 8 种颜色表示，画面比较粗糙，结果如图 8-3（a）所示，按【Ctrl+Z】组合键取消刚才转换索引颜色的操作。

③ 选择"图像"→"模式"→"灰度"命令，Photoshop 提示"是否要扔掉颜色信息？"确认"扔掉"，图像由彩色变成灰度图，结果如图 8-3（b）所示。

（a）索引图　　　　　　　　　　　　　　（b）灰度图

图 8-3　索引图和灰度图

在灰度颜色模式下，位图和双色调模式变成可用状态。选择"图像"→"模式"→"双色调"命令，如图 8-4（a）所示设置各项参数，其中油墨 1 设置为黑色，油墨 2 设置为黄色，图像由灰度图转变为两种颜色着色的双色调图，如图 8-4（b）所示。

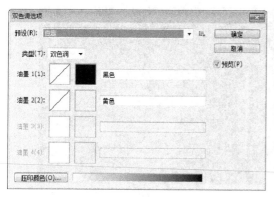

（a）"双色调选项"对话框

（b）"双色调"效果图

图 8-4 双色调选项对话框设置

④ 选择"图像"→"模式"→"位图"命令，在对话框中选择使用栏为"50%阈值"选项，图像转变为黑白二色图，如图 8-5 所示。

图 8-5 位图

3. 调整图像的颜色

① 打开素材文件"长廊.jpg"。

② 选择"图像"→"调整"→"色阶"命令，在如图 8-6（a）所示"色阶"对话框中可以发现，图像的灰阶直方图大部分靠近阴影色，所以图像整体颜色偏暗。设置"调整阴影输入色阶"为"20"，图像整体颜色进一步偏暗，设置"调整高光输入色阶"为"180"，图像整体颜色变亮。单击"自动"按钮，Photoshop 根据计算将"调整阴影输入色阶"设置为"12"，而"调整高光输入色阶"仍然为"255"，但因为"调整中间调输入色阶"被设置为"1.25"，如图 8-6（a）所示，所以图像整体颜色仍然稍微变亮。

③ 选择"图像"→"调整"→"替换颜色"命令，在对话框中设置颜色为暗红色，RGB 值为"#721210"，颜色容差为"200"，选择"选区"单选框，图像中原先红色的区域基本全部显示白色，也就是大多数红色被选中，在替换栏中设置"色相"为"−55"，饱和度为"+8"，明度为"+16"，确定后图像中红色的柱子、房梁等几乎全部自动替换为紫色，而绿色的青草、白色的墙等非红色区域没有变化，如图 8-6（b）所示。

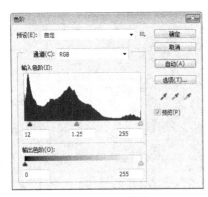

（a）色阶的调整　　　　　　　　　　　（b）替换颜色

图 8-6　色阶的调整和替换颜色

4. 制作图像选区

制作图像选区是处理部分图像的基础，能否精确制作所需选区是图像处理能否成功的关键，Photoshop 提供了多种选区制作方法和工具，磁性套索常用于制作复杂且目标图像与周围图像对比明显的选区。

① 打开素材文件"鲜花.jpg"。

② 选择工具箱中"磁性套索工具" <u>❀ 磁性套索工具</u>，单击图中鲜花边缘处，沿鲜花外沿移动光标，磁性套索工具将根据图像对比度自动吸附边缘，在边缘不清晰处因为图像对比度低、磁性套索工具无法准确自动吸附边缘，此时可以单击鼠标进行选区位置的手动指定。移动光标直至选区闭合处，双击鼠标形成选区，结果如图 8-7（a）所示，图中最大的鲜花被选中，鲜花的外边缘出现闭合的虚线即选区。

③ 选择菜单"选择"→"反向"命令或者按【Shift+Ctrl+I】组合键，选区反向选择，除去刚才的鲜花，其余区域全部被选中。

④ 选择"图像"→"调整"→"去色"命令，将选择区域转换颜色为灰度图，结果如图 8-7（b）所示。

（a）选区图示　　　　　　　　　　　（b）图像处理

图 8-7　磁性套索制作的不规则选区及部分图像处理

5. 图像的创作

Photoshop 不仅是优秀的图像处理软件，它也提供了多种绘画工具用于图像创作。

（1）背景的制作

① 选择"文件"→"新建"命令，设置图像大小为 800*600 像素，分辨率为 72 像素/英寸，背景内容为白色。

② 选择工具箱中"渐变工具"，在工具选项栏中单击编辑渐变色谱，在"渐变编辑器"设置两个色标，左色标 RGB 值为"#16049e"，右色标 RGB 值为"#0000ff"，在工具选项栏中设置渐变类型为"线性渐变"，在图像窗口由下至上拖动鼠标，填充浅蓝至深蓝的渐变颜色。

（2）繁星和弯月的绘制

① 选择工具箱中椭圆选区工具 ，在图像右上角按住【Shift】键拖动鼠标制作圆形选区，在工具选项栏中设置选区运算方法为从选区中减去 ，在原有选区右下方拖动选区制作椭圆形，椭圆形与原圆形选区相交曲线形成月牙形状选区。

② 设置前景色为 RGB 颜色"#ffff00"黄色，选择"油漆桶工具" 在月牙形选区中单击鼠标，给选区填充黄色，绘制出黄色的月亮，按【Ctrl+D】快捷键取消选区。

③ 选择工具箱中"画笔工具" ，在工具选项栏中单击"画笔预设"设置笔触为"星形 55 像素"，设置前景色为 RGB 颜色"#ffffff"白色，在画布上方随机单击鼠标，绘制多个星形图案。

（3）草丛和花朵的绘制

① 在工具选项栏中单击"画笔预设"设置笔触为"草"，大小为"134"像素，前景色为 RGB 颜色"#488e08"深绿，背景色为 RGB 颜色"#000000"黑色，选择菜单"窗口"中"画笔"命令，在调板中分别选择"形状动态""散布""颜色动态""传递"和"平滑"复选项，在图像窗口中部偏下的区域拖动鼠标，动态绘制成片草丛。

② 设置前景色为 RGB 颜色"#c48165"，在工具选项栏中单击"画笔预设"，在下拉选框中单击右上角的齿轮标记，弹出菜单中选择"特殊效果画笔"，选择笔触为"杜鹃花串"，在草尖随机单击鼠标，添加杜鹃花朵，绘画结果如图 8-8 所示。

图 8-8　绘画

6. 图像的修复

① 打开素材文件"白花.jpg"，观察图像，白色花瓣里有很多斑点，如图 8-9 所示。

② 按【Ctrl + +】组合键放大图像，对于花瓣内部的斑点选择工具箱中的"污点修复

画笔工具"修复，在工具选项栏中选择"设置源取样类型"为"内容识别"选项，单击花瓣中的污点进行修复。

图 8-9　有斑点的花朵

③ 对于花瓣边缘的污点，选择工具箱中"修复画笔工具"　进行修复，首先按住【Alt】键单击鼠标定义图像的取样位置，一般是靠近花瓣内部的纯色区域，然后在待修复位置单击或单击并拖动鼠标。

实验 8-2　图层与文字效果

实验目的

- 掌握图层的基本操作和文字图层的制作。
- 熟悉图层蒙版的制作和图层的高级应用。
- 了解图层混合模式。

实验内容与操作指导

本节实验的主要内容是利用图层绘制图像，制作图层蒙版、制作特效文字和调整图层的样式，通过实验内容掌握制作和设置图层的常用操作。

1. 利用图层绘制图像

（1）制作企鹅

① 选择"文件"→"新建"命令，设置图像大小为 400×600 像素，分辨率为 72 像素/英寸，背景内容为白色。

② 选择"窗口"菜单中"图层"命令，调出"图层"调板，单击"图层"调板底部"新建图层"按钮创建新图层，双击图层名称，重命名为"身体"。设置前景色为 RGB 颜色"#000000"黑色，选择工具箱中"椭圆选框工具"，在画布中上部位置拖动鼠标，制作椭圆选区，选择"油漆桶工具"，单击选区内部区域，为椭圆着色，按【Ctrl+D】组合键取消选区。

③ 单击"图层"调板底部"新建图层"按钮创建新图层，双击图层名称，重命名为"头部"。选择工具箱中"椭圆选框工具"，在黑色椭圆形最上方位置制作横向椭圆选区，位

于黑色椭圆形的内部。选择"渐变工具",在工具选项栏中单击编辑渐变色谱,在"渐变编辑器"设置两个色标颜色均是 RGB 颜色"#ffffff"白色,左边色标不透明度为"50%",右边色标不透明度为"80%",选择"线性渐变",在椭圆形选区中自上而下拖动鼠标,填充白色半透明渐变色,按【Ctrl+D】组合键取消选区,结果如图 8-10(a)所示。

④ 单击"图层"调板底部"新建图层"按钮□创建新图层,双击图层名称,重命名为"肚子"。选择工具箱中"椭圆选框工具",在"头部"选区和"身体"选区之间的区域制作最大的椭圆形选区,设置前景色为 RGB 颜色"#ffffff"白色,选择"油漆桶工具",单击选区内部区域,为椭圆着色,按【Ctrl+D】组合键取消选区,结果如图 8-10 中(b)所示。

⑤ 单击"图层"调板底部"新建图层"按钮□创建新图层,双击图层名称,重命名为"眼睛"。选择工具箱中"椭圆选框工具",在"头部"选区下边缘左侧位置按住【Shift】键拖动鼠标,制作圆形选区,设置前景色为 RGB 颜色"#ffffff"白色,选择"油漆桶工具",单击选区内部区域,为椭圆着色。同样操作再次制作较小的圆形选区,填充黑色,作为瞳孔,按【Ctrl+D】组合键取消选区,结果如图 8-10(c)所示。

⑥ 在"图层"调板右击"眼睛"图层,在快捷菜单中选择"复制"图层,出现"眼睛副本"图层,在工具箱中选择"移动工具",拖动此图层的眼睛到图的另一侧,如图 8-10(d)双侧眼睛图层所示位置。

⑦ 单击"图层"调板底部"新建图层"按钮□创建新图层,双击图层名称,重命名为"嘴"。选择工具箱中"矩形选框工具",在两只"眼睛"中间下边缘的位置制作矩形选区。选择"渐变工具",在工具选项栏中单击编辑渐变色谱,在"渐变编辑器"中设置左色标颜色是 RGB 颜色"#d5960d"橙色,右色标颜色是 RGB 颜色"#ffff00"黄色,左右色标不透明度为"100%",选择"径向渐变",在椭圆形选区中自上而下拖动鼠标,填充橙色和黄色的渐变色,选择菜单中"编辑"→"变换"→"透视"命令,向右拖动矩形框的左下控制点,形成梯形,提交变换后,取消选区,结果如图 8-10(e)所示。

⑧ 单击"图层"调板底部"新建图层"按钮□创建新图层,双击图层名称,重命名为"脚"。选择工具箱中"椭圆选框工具",在身体下部左侧拖动鼠标制作横向椭圆选区,选择"渐变工具"中的"线性渐变"类型,用橙色渐变和黄色渐变填充选区,结果如图 8-10(f)所示。

⑨ 在"图层"调板右击"脚"图层,在快捷菜单中选择"复制"图层,出现"脚副本"图层,在工具箱中选择"移动工具",拖动此图层中的脚到图的另一侧,如图 8-10(f)所示位置。

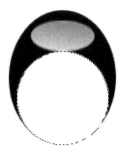

(a) 身体和头部图层　　　　　(b) 肚子图层　　　　　(c) 单侧眼睛图层

（d）双侧眼睛图层　　　　　　　　（e）嘴图层　　　　　　　　　（f）脚图层

图 8-10　分层制作企鹅组件

⑩ 至此，企鹅制作完成，如果需要调整各组件，只需选择对应图层调整即可，不会影响其他组件。

（2）复制企鹅，制作企鹅的倒影

① 在"图层"调板中按【Shift】键连续选择，选中除背景图层外的所有图层，右击图层，在快捷菜单中选择"合并图层"命令，将所有企鹅组件合并在一个层中，重命名为"企鹅"。

② 在"图层"调板右击"企鹅"图层，在快捷菜单中选择"复制"图层，出现"企鹅副本"图层，选中此图层，选择菜单"编辑"下"变换"子菜单中"垂直翻转"命令，选择移动工具，移动倒影企鹅至原企鹅下方，如图 8-11 中（a）所示。

③ 选择工具箱中"涂抹工具"，设置"画笔预设"中画笔大小为"30"，笔触为"柔边缘"，向右多次涂抹企鹅倒影图像，形成企鹅水波倒影，效果如图 8-11 中（b）所示。

（a）企鹅倒影图层　　　　　　　　　　　　（b）企鹅水波倒影

图 8-11　企鹅倒影制作

2. 图层蒙版制作

蒙版技术是图层的重点，它可以实现上方图层对下方图层部分内容的透视效果，也可以使得两个图层无痕融合在一起。

（1）创建图层

① 打开素材文件"草地.jpg"。

② 打开素材"蓝天.jpg"，按【Ctrl+A】组合键全选整幅图像，按【Ctrl+C】组合键复制图像。

③ 单击素材"草地"的标题栏，在"图层"调板上单击"创建新图层"按钮，然后按【Ctrl+V】组合键，将"蓝天"图像拷贝到图层 1 中，双击图层名，重命名为"云彩"。

（2）蒙版的添加和控制

① 单击选择"云彩"图层，单击"图层"调板底部的"添加图层蒙版"按钮，"云彩"图层缩略图右侧出现蒙版图层，调板如图 8-12（a）所示。

② 单击选择蒙版图层，选择"渐变工具"，在工具选项栏中单击编辑渐变色谱，在"渐变编辑器"设置左色标颜色是 RGB 颜色"#ffffff"白色，右色标颜色是 RGB 颜色"#000000"黑色，左右色标不透明度均为"100%"，选择"线性渐变"，在蒙版图层中自上而下拖动鼠标，填充白色和黑色的渐变色，上面的白色部分显示当前"云彩"图层内容，下面的"黑色"部分透视下面的草地，形成两幅图片的融合效果，如图 8-12（b）图所示。

（a）蒙版图层　　　　　　　　　　　　　　　（b）融合图像

图 8-12　蒙版图层和融合图像

3. 制作晶莹剔透的文字

（1）录入文字

① 选择"文件"→"新建"命令，设置图像名称为"文字"，大小为 500*500 像素，分辨率为 300 像素/英寸，RGB 模式，背景内容为白色。

② 选择工具箱中"横排文字工具"，在工具选项栏中设置字体"楷体"，大小"20点"，文字颜色为 RGB 颜色"#0000ff"，分两行输入文字"扶伤济世敬德修业"，单击工具选项栏中确认按钮提交当前编辑。

③ 选择"移动工具"，调整文字的位置至画布中央。

（2）设置图层效果

单击"图层"调板底部的"添加图层样式"按钮，在打开的菜单中选择"混合选项"命令，在弹出的"图层样式"对话框中分别进行如下设置：设置"斜面和浮雕"参数，如图 8-13（a）所示；设置"等高线"参数，如图 8-13（b）所示；设置"内阴影"参数，如图 8-13（c）所示；设置"内发光"参数，如图 8-13（d）所示；设置"投影"参数，如图 8-13（e）所示。最后的文字效果如图 8-13（f）所示。值得注意的是图 8-13（a）中光泽等高线和图 8-13（b）中等高线都有调整。

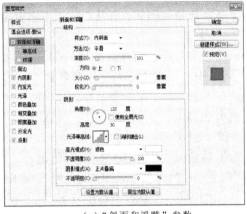

（a）"斜面和浮雕"参数

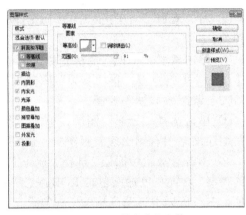

（b）"等高线"参数

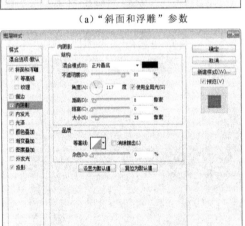

（c）"内阴影"参数

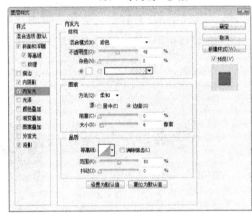

（d）"内发光"参数

（e）"投影"参数

（f）晶莹剔透的文字效果

图 8-13　制作晶莹剔透的文字效果

4. 文字图层及图层样式

Photoshop 的文字，均是通过文字图层添加，文字编辑完成后可以栅格化文字图层，将其转变成普通图像，这样所有对图像的处理工具都可以应用于文字，从而可以得到千变万化的文字效果。

图层样式的设置包括图像图层混合模式的设置和样式的设置，都是通过图层样式对话框实现，它通过简单的参数设置，实现繁复而精美的图像效果，使得用户摆脱了重复的底层图像处理，是 Photoshop 最出色的图层技术之一。

（1）制作背景图像，调整图层混合选项

① 选择"文件"→"新建"命令，设置图像名称为"心脏月海报"，大小为 1600*1200 像素，分辨率为 72 像素/英寸，背景内容为白色。

② 选择工具箱中油漆桶工具，设置前景色为 RGB 颜色"#000000"黑色，填充整个背景图层。

③ 打开素材"Neuro.jpg"，按【Ctrl+A】组合键全选整幅图像，按【Ctrl+C】组合键复制图像。

④ 单击素材"心脏月海报"的标题栏，在"图层"调板上单击"创建新图层"按钮，然后按【Ctrl+V】组合键，将"神经细胞"图像拷贝到图层 1 中，双击图层名，重命名为"神经细胞"。

⑤ 按自由变换组合键【Ctrl+T】调整神经细胞图像大小，在工具选项栏中分别设置"水平缩放"和"垂直缩放"各为"500%"，按【Enter】键确认缩放，选择"移动工具"，将图像与画布的左下角对齐。

⑥ 双击图层调板中"神经细胞"缩略图，弹出的"图层样式"对话框中，选择"混合模式"为"强光"选项，不透明度为"80%"，效果如图 8-14（a）所示。

（2）制作心跳图层

① 打开素材"HeartBeat.jpg"，按【Ctrl+A】组合键全选整幅图像，按【Ctrl+C】组合键复制图像。

② 单击素材"心脏月海报"的标题栏，在"图层"调板上单击"创建新图层"按钮，然后按【Ctrl+V】组合键，将"神经细胞"图像拷贝到图层 1 中，双击图层名，重命名为"心跳"。

③ 在工具箱中选择"魔棒工具"，工具选项栏中设置"容差"值为"20"，单击心跳图像以上的黑色区域，按【Delete】键删除选区内容，同样操作，删除心跳图像以下的黑色区域，透出下层的神经图像，按【Ctrl+D】组合键取消选区。

（3）制作心形图层，调整图层样式

① 打开素材"Heart.png"，按【Ctrl+A】组合键全选整幅图像，按【Ctrl+C】组合键复制图像。

② 单击素材"心脏月海报"的标题栏，在"图层"调板上单击"创建新图层"按钮，然后按【Ctrl+V】组合键，将"心形"图像拷贝到图层 1 中，双击图层名，重命名为"心形"。

③ 按【Ctrl+T】组合键调整心形图像大小，在工具选项栏中分别设置"水平缩放"和"垂直缩放"各为"25%"，按【Enter】键确认缩放，选择"移动工具"将图像移动至神经细胞图像的上方，如图 8-14（b）所示位置。

④ 双击"心形"缩略图，弹出的"图层样式"对话框中，设置描边栏，描边色彩 RGB

颜色为"#814d4d"，大小为"3"，位置为"外部"。

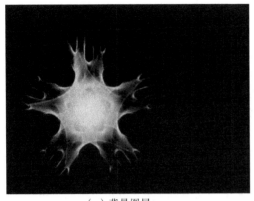 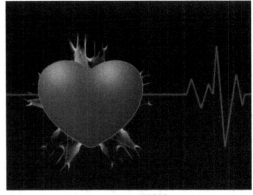

（a）背景图层　　　　　　　　　　　　　　　　（b）心形图层

图 8-14　背景和心形图层效果图

（4）制作医学符号标志图层，载入样式，调整图层样式

① 打开素材"Symbol.jpg"，按【Ctrl+A】组合键全选整幅图像，按【Ctrl+C】组合键复制图像。

② 单击素材"心脏月海报"的标题栏，在"图层"调板上单击"创建新图层"按钮，然后按【Ctrl+V】组合键，将"医学标志"图像拷贝到图层 1 中，双击图层名，重命名为"医学标志"。

③ 按【Ctrl+T】组合键调整神经细胞图像大小，在工具选项栏中分别设置"水平缩放"和"垂直缩放"各为"27%"，按【Enter】键确认缩放，选择"移动工具"将图像移动至心形图像的上方，如图所示位置。

④ 在工具箱中选择"魔棒工具"，工具选项栏中设置"容差"值为"20"，单击图像中的白色区域，按【Delete】键删除选区内容，同样操作，直至所有白色区域全部删除，按【Ctrl+D】组合键取消选区。

⑤ 选择"窗口"菜单"样式"，在"样式"调板中单击按钮弹出快捷菜单，选择"载入样式"命令，定位并载入素材中的"医学标志样式.asl"，在"样式"调板中单击"样式 2"按钮，对医学标志图像应用此样式，可以看到此图层直接使用了包括"斜面和浮雕""渐变叠加"和"投影"的样式。

（5）制作文字图层，设置图层效果

① 选择工具箱中"横排文字工具"，在心形图像的上方输入文字"February: Heart Health Month"，选择"窗口"→"字符"命令，在"字符"调板中对字体、字号等进行设置，参数值如图 8-15（a）所示，文字颜色设置为 RGB 颜色"#ff0000"红色，设置完毕单击工具选项栏中的确认按钮，如需再次编辑文字，可以双击"图层"调板中的文字图层缩略图，即可进入文字编辑状态。

② 右击"图层"调板中文字图层，在快捷菜单中选择"栅格化文字"命令，将文字图层转换为普通图层，这样所有的图像处理工具都可使用。再次右击此图层，在快捷菜单中选择"复制图层"命令，创建文字图层的副本，双击此副本图层名称，重命名为"文字"。

③ 双击"文字"图层缩略图，在弹出的"图层样式"对话框中分别选择"斜面和浮雕""内发光""渐变叠加"和"外发光"选项，选项中的参数均采用默认值。

④ 单击选择"文字"层下的图层，选择工具箱中"移动工具"，按键盘中的方向键进行红色文字图像位置的调整，使得此图层成为"文字"图层的阴影层，图层调板的最终结果如图 8-15（b）所示，心脏月海报图的最终效果如图 8-15（c）所示。

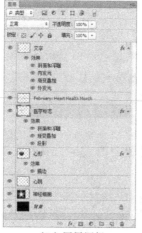
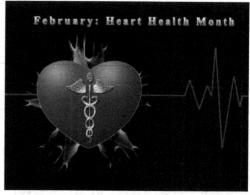

（a）参数设置　　　　　　　（b）图层调板　　　　　　　　（c）海报效果

图 8-15　图层调板和海报效果图

实验 8-3　路径、通道和滤镜

实验目的

● 掌握路径的制作和调整，以及文字路径的制作。
● 熟悉路径和选区的转换，以及通道的操作。
● 了解各种滤镜的使用方法。

实验内容与操作指导

本节实验的主要内容是制作或者载入路径，制作文字路径，调整路径，了解和操作通道及滤镜，通过实验内容掌握制作路径、通道、滤镜的常用操作。

1．路径的制作

（1）用钢笔工具绘制路径

① 选择"文件"→"新建"命令，设置图像大小为 600*600 像素，分辨率为 300 像素/英寸，背景内容为白色。

② 选择工具箱中"钢笔工具" ，在画布中直接沿字母 M 形状的起始点、转折点和终点处单击，一共单击 5 次鼠标，位置如图 8-16（a）所示。

（2）调整路径

① 选择"转换点工具" ，分别在第 2 和第 4 点单击并拖动鼠标，所连接直线变成曲线，出现方向点和方向线，如图 8-16（b）所示。

② 选择"路径选择工具" ，拖动路径到画布中心位置，选择"直接选择工具" ，

调整移动路径中的曲线段和锚点,调整方向线和方向点,使得绘制路径与 M 形状更为接近。

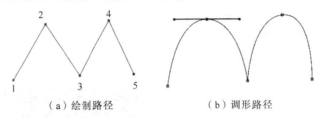

（a）绘制路径　　　　　　　　　（b）调形路径

图 8-16　简单路径绘制

2. 路径载入，文字路径制作

（1）载入预设路径

① 选择"文件"→"新建"命令，设置图像大小为 600×600 像素，分辨率为 300 像素/英寸，背景内容为白色。

② 选择工具箱中"自定形状工具"，在工具选项栏中单击"几何选项"按钮，分别选择"不受约束"单选项和"从中心"复选项，在"形状"列表框中单击按钮，在弹出的菜单中选择"全部"命令，在形状中选择互联网形。

③ 在画布中心位置拖动鼠标，绘制互联网形路径，选择"路径选择工具"，拖动路径到画布中心位置，结果如图 8-17（a）所示。

（2）制作文字路径

① 选择"横排文字工具"，在工具选项栏中设置字体为"楷体"，字体大小为"30点"，文字颜色为"0000ff"蓝色，移动鼠标到互联网形路径左侧曲线段上，当光标出现变形时单击，录入文字"飞速发展的互联网时代!"，单击工具选项栏中的"确认"按钮，提交所有当前编辑。在图层中先选定"形状 1"，将"路径"调板中互联网图形的"工作选区"拖动到调板下方的新建路径按钮，工作选区成为选区 1。

② 单击选择"路径"调板中的文字路径，选择"直接选择工具"，将鼠标移至路径文字上，光标移至文本开始处变形为时可以调整文字的起点位置，移至文本结束处变形为时可以调整文字的终点位置，调整文字位置如图 8-17（b）所示。

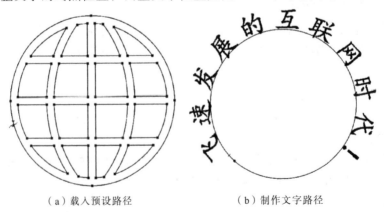

（a）载入预设路径　　　　　　　　　（b）制作文字路径

图 8-17　文字路径制作

③ 右击"路径"调板"路径 1"，在快捷菜单中选择"建立选区"，设置前景色为 RGB 颜色"#00ff00"绿色，在"图层"调板中单击调板底部的"创建新图层"按钮，新建图层 1，

选择油漆桶工具，将选区填充为绿色，结果如图 8-18 所示。

图 8-18　文字路径效果图

3. 通道操作

通道的个数和种类是由图像的颜色模式决定的，处于 RGB 颜色模式的图像有三个颜色通道和一个复合通道，颜色通道分别为红、绿、蓝色通道，每个颜色通道均是灰度图，表示图像中通道颜色的多少，白色表示颜色很多，而黑色表示颜色很少。

（1）通道分析

打开素材"红叶.jpg"，选择"窗口"菜单"通道"命令，在"通道"调板中单击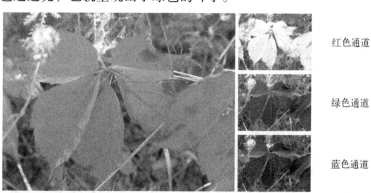，在快捷菜单中选择"分离通道"命令，原图被关闭，在打开的 3 个图像窗口中分别显示了红、绿、蓝 3 个通道的灰度图，如图 8-19 红叶图像的 3 通道灰度图所示。可以看到，由于树叶是红色的，在图像的树叶部分，红色通道最亮，绿色和蓝色通道则比较暗。如果要把树叶调为绿色，应该把树叶部分的绿色通道调得比红色通道更亮，树叶就会偏绿色。因此，可以把红通道和绿通道交换，这样，图像中的红叶原本红色通道比较亮，最后变成了红色通道暗，而绿色通道亮，也就呈现出了绿色的叶子。

红色通道

绿色通道

蓝色通道

图 8-19　红叶图像的 3 通道灰度图

（2）交换通道

① 重新打开"红叶.jpg"，单击调板底部"创建新通道"按钮，调板出现名为"Alpha1"

的新通道。单击红色通道，按【Ctrl+A】组合键全选图像，按【Ctrl+X】组合键剪切红色通道灰度图，单击"Alpha1"通道，按【Ctrl+V】组合键粘贴此灰度图，存放于"Alpha1"通道。

② 单击绿色通道，按【Ctrl+A】组合键全选图像，按【Ctrl+X】组合键剪切绿色通道灰度图，单击红色通道，按【Ctrl+V】组合键粘贴此灰度图。

③ 单击"Alpha1"通道，按【Ctrl+A】组合键全选图像，按【Ctrl+X】组合键剪切此通道灰度图，单击绿色通道，按【Ctrl+V】组合键粘贴此灰度图。单击"Alpha1"通道，单击"通道"调板底部"删除当前通道" 🗑 按钮。

④ 通过上面三个步骤，将红色和绿色通道交换灰度图，图像结果如图 8-20 所示，红叶变成了绿色。

图 8-20　更换通道后的红叶图像

4. 滤镜操作

（1）输入文字

① 选择"文件"→"新建"命令，设置图像大小为 300*180 像素，分辨率为 72 像素/英寸，颜色模式为"灰度"，背景内容为白色。

② 选择工具箱中"横排文字工具" T，工具选项栏中设置字体"华文琥珀"，字体大小"36 点"，黑色，在图像窗口中输入"冬天"。

③ 选择"图层"菜单"合并图层"命令。

（2）使用滤镜调整文字

① 选择工具箱中"魔棒工具" 🖌 魔棒工具，在窗口空白处单击，选定除文字以外的白色区域。

② 选择"滤镜"→"像素化"→"晶格化"命令，在对话框中设置"单元格大小"为"10"，然后单击"确定"按钮，使图像产生冰晶效果。

③ 按【Ctrl+Shift+I】组合键反选图像为文字区域。选择"滤镜"菜单下"杂色"子菜单中"添加杂色"命令，在弹出的对话框里设置"数量"为"70"，"分布"为"高斯分布"。

④ 选择"滤镜"→"模糊"→"高斯模糊"命令，在弹出的对话框里设置"半径"为"2"像素。按【Ctrl+D】组合键取消选取，再按【Ctrl+I】组合键反转图像颜色。

⑤ 选择"图像"→"图像旋转"→"顺时针 90 度"命令。

⑥ 选择"滤镜"→"风格化"→"风"命令。

⑦ 选择"图像"→"图像旋转"→"逆时针 90 度"命令。

⑧ 选择"图像"→"模式"→"RGB 颜色"命令，将图像转换成 RGB 彩色模式。

⑨ 选择"图像"→"调整"→"色相及饱和度"命令，在弹出的对话框设置如图 8-21（a）所示参数，结果如图 8-21（b）中所示。

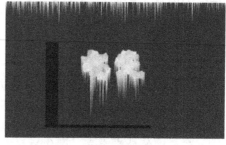

（a）设置参数 　　　　　　　　　　　（b）图像效果

图 8-21　色相/饱和度设置及文字效果

自 测 题 8

一、 单项选择题

1. 图像分辨率的单位是（　　　）。
   A．DPI　　　　　　　B．PPI　　　　　　　C．LPI　　　　　　　D．PIXEL

2. 位图的图片分辨率是指（　　　）。
   A．单位长度上的锚点数量　　　　　B．单位长度上的路径数量
   C．单位长度上的像素数量　　　　　D．单位长度上的网点数量

3. 关于位图与矢量图的说法中正确的是（　　　）。
   A．像素是组成图像的最基本单元，所以像素多的图像质量要比像素少的图像质量要好
   B．路径、锚点、方向点和方向线是组成矢量图的最基本的单元，每个矢量图里都有这些元素
   C．当利用"图像大小"命令把一个文件的尺寸由 10*10 cm 放大到 20*20 cm 的时候，如果分辨率不变，那么图像像素的点的面积就会跟着变大
   D．当利用"图像大小"命令把一个文件的尺寸由 10*10 cm 放大到 20*20 cm 的时候，如果分辨率不变，那么图像像素的点的数量就会跟着变多

4. 在 Photoshop 中，像素的形状只有可能是（　　　）。
   A．圆形　　　　　B．三角形　　　　　C．菱形　　　　　D．矩形

5. 在 Photoshop 中，最小的单位是（　　　）。
   A．1 像素　　　　B．1 毫米　　　　C．1 厘米　　　　D．1 微米

6. Photoshop 程序启动后自动建立一个名为（　　　）的文档。
   A．位图模式　　　B．双色调模式　　　C．RGB 模式　　　D．Lab 模式

7. 选择"文件"→"新建"命令，在弹出的"新建"对话框中（　　　）不可以被设定。

　　A．图像的高度和宽度　　　　　　　　B．图像的分辨率

　　C．图像的色彩模式　　　　　　　　　D．图像的标尺单位

8. 在 Photoshop 中，不可以自定义以下那些内容（　　　）。

　　A．颜色工作空间　　　　　　　　　　B．像素的长宽比例

　　C．快捷键　　　　　　　　　　　　　D．色彩管理方案

9. 如果在图像中有图层和通道，并且需要将其保留下来，应将其存储为什么格式（　　　）。

　　A．PSD（Photoshop 格式）　　　　　B．JPEG

　　C．DCS 1.0　　　　　　　　　　　　D．GIF

10. 当制作标志时，大多将其存成矢量图，这是因为（　　　）。

　　A．矢量图颜色多，做出来的标志漂亮

　　B．矢量图不论放大或是缩小它的边缘都是平滑的，而且效果一样清晰

　　C．矢量图的分辨率高，图像质量好

　　D．矢量文件的兼容性好，可以在多个平台间使用，并且大多数软件都可以对它进行编辑

11. 下列哪个工具可以方便地选择连续的、颜色相似的区域（　　　）。

　　A．矩形选框工具　　　　　　　　　　B．椭圆选框工具

　　C．魔棒工具　　　　　　　　　　　　D．磁性套索工具

12. 以下哪一项不可根据颜色自动选择区域（　　　）。

　　A．选择/色彩范围　　　　　　　　　　B．魔棒工具

　　C．魔术橡皮擦工具　　　　　　　　　D．磁性套索工具

13. 下面关于图层的描述哪些是错误的（　　　）。

　　A．任何一个图像图层都可以转换为背景层

　　B．图层透明的部分是没有像素的

　　C．图层透明的部分是有像素的

　　D．背景层可以转化为普通的图像图层

14. 取消选取的组合键是（　　　）。

　　A．【Ctrl+D】　　　　B．【Ctrl+A】　　　C．【Ctrl+E】　　　D．【Ctrl+C】

15. 下列关于背景层的描述哪个是正确的（　　　）。

　　A．在图层调板上背景层是不能上下移动的，只能是最下面一层

　　B．背景层可以设置图层蒙版

　　C．背景层不能转换为其他类型的图层

　　D．背景层不可以执行滤镜效果

16. 下列关于创建新图层的描述哪个是正确的（　　　）。

　　A．双击图层控制调板的空白处，在弹出的对话框中进行设定选择新图层命令

　　B．单击图层调板下方的新图层按钮

　　C．使用鼠标将图像从当前窗口中拖动到另一个图像窗口中

　　D．使用文字工具在图像中添加文字

17. 单击图层调板上当前图层左边的眼睛图标，结果是（　　　）。

A．当前图层被锁定　　　　　　　　B．当前图层被隐藏

C．该图层与当前激活的图层链接　　D．当前图层被删除

18．下面哪个色彩调整命令可提供最精确的调整（　　）。

A．色阶　　　　　B．亮度/对比度　　　C．曲线　　　　　D．色彩平衡

19．单击图层调板上眼睛图标右侧的方框，出现一个链条的图标，表示（　　）。

A．该图层被锁定　　　　　　　　　B．该图层被隐藏

C．该图层与当前激活的图层链接　　D．该图层不会被打印

20．对于图层蒙版下列哪些说法是错误的（　　）。

A．用黑色的毛笔在图层蒙版上涂抹，图层上的像素就会被遮住

B．用白色的毛笔在图层蒙版上涂抹，图层上的像素就会显示出来

C．用灰色的毛笔在图层蒙版上涂抹，图层上的像素就会出现渐隐的效果

D．图层蒙版一旦建立，就不能被修改

21．"色阶"对话框中输入色阶的水平轴表示的是下列哪个数据（　　）。

A．色相　　　　　B．饱和度　　　　　C．亮度　　　　　D．像素数量

22．"色阶"对话框中输入色阶的垂直轴表示的是下列哪个数据（　　）。

A．色相　　　　　B．饱和度　　　　　C．亮度　　　　　D．像素数量

23．使用钢笔工具创建直线点的方法是（　　）。

A．用钢笔工具直接单击

B．用钢笔工具单击并按住鼠标键拖动

C．用钢笔工具单击并按住鼠标键拖动使之出现两个把手，然后按住【Alt】键单击

D．按住【Alt】键的同时用钢笔工具单击

24．下列关于路径的描述错误的是（　　）。

A．路径可以用画笔工具进行描边

B．当对路径进行填充颜色的时候，路径不可以创建镂空的效果

C．路径调板中路径的名称可以随时修改

D．路径可以随时转化为浮动的选区

25．如何使用仿制橡皮图章工具在图像上取样（　　）。

A．按住【Shift】键的同时单击取样位置来选择多个取样像素

B．按住【Alt】键的同时单击取样位置

C．按住【Ctrl】键的同时单击取样位置

D．按住【Tab】键的同时单击取样位置

26．下面对模糊工具功能的描述哪些是正确的（　　）。

A．模糊工具只能使图像的一部分边缘模糊

B．模糊工具可降低相邻像素的对比度

C．模糊工具的强度是不能调整的

D．如果在有图层的图像上使用模糊工具，只有所选中的图层才会起变化

27．当编辑图像时使用减淡工具可以达到何种目的（　　）。

A．使图像中某些区域变暗　　　　　B．删除图像中的某些像素

C．使图像中某些区域变亮　　　　　D．使图像中某些区域的饱和度增加

28．文字图层中的文字信息哪些不可以进行修改和编辑？（　　）。

A. 文字颜色

B. 文字内容,如加字或减字

C. 文字大小

D. 将文字图层转换为像素图层后可以改变文字的字体

29. 在制作网页时,如果是连续色调、层次丰富的图像,通常情况下应存储为哪种格式（　　）。

　　A. GIF　　　　　B. EPS　　　　　C. JPEG　　　　　D. TIFF

30. 当使用魔棒工具选择图像时,在"容差"数值输入框中输入的数值,下列哪一个所选择的范围相对最大。（　　）

　　A. 0　　　　　B. 15　　　　　C. 20　　　　　D. 25

31. 使用"磁性套索工具"进行操作时,要创建一条直线,按住（　　）单击即可。

　　A.【Alt】键　　B.【Ctrl】键　　C.【Tab】键　　D.【Shift】键

32. 下列哪个命令用来调整色偏（　　）。

　　A. 色调均化　　B. 阈值　　　C. 色彩平衡　　D. 亮度/对比度

33. 当图像偏蓝时,使用变化功能应当给图像增加何种颜色（　　）。

　　A. 蓝色　　　　B. 绿色　　　　C. 黄色　　　　D. 洋红

34. 以下有关 PNG 文件格式的描述正确的是（　　）。

　　A. PNG 可以支持索引色表和优秀的背景透明,它完全可以替代 GIF 格式

　　B. PNG-24 格式支持真彩色,它完全可以替代 JPEG 格式

　　C. PNG 是未来 WEB 图像格式的标准,它不仅是完全开放的而且支持背景透明和动画等

　　D. 由于 PNG 是一种新开发的文件格式,它需要浏览器软件的支持才可以正常浏览

35. 下面对图层上蒙板的描述哪个是不正确的（　　）。

　　A. 图层上的蒙板相当于一个 8 位灰阶的 Alpha 通道

　　B. 当按住【Alt】键的同时单击图层调板中的蒙板,图像就会显示蒙板

　　C. 在图层调板的某个图层中设定了蒙板后,会发现在通道调板中有一个临时的 Alpha 通道

　　D. 在图层上建立蒙板只能是白色的

二、填空题

1. 橡皮工具组包括_____、_____和_____等 3 种工具。

2. 使用_____工具可以移动图像;使用_____工具可以将图像中的某部分图像裁切成一个新的图像文件。

3. 使用_____命令可以对图像进行变形,快捷键是_____。

4. Photoshop 默认的图像文件格式后缀为_____。

5. CMYK 模式中 C、M、Y、K 分别指_____、_____、_____和_____4 种颜色。

6. 套索工具组包括_____、_____和_____。

7. 图像分辨率的高低标志着图像质量的优劣,分辨率越_____,图像效果就越好。

8. 绘制圆形选区时,先选择椭圆选框工具,在按下_____键的同时,拖动鼠标,就可以实现圆形选区的创建。

9．选框工具组包括：_____。

10．新建文件时，背景内容可以是_____、_____和_____。

11．通常使用_____工具来绘制路径。

12．图层蒙版中_____的部分透出下面图层的内容，_____色的部分遮盖住下面图层而显示出本层图层内容。

13．RGB 颜色模式的文件在通道面板中有 3 个颜色通道，分别为_____、_____和_____。

14．Photoshop 中,菜单命令"编辑"下"还原"命令的含义是_____。

15．如果在不创建选区的情况下填充渐变色，渐变工具将作用于_____。

三、简答题

1．简述选区在图像处理过程中的作用？

2．简述矢量图与位图的性质。

3．简述仿制图章工具和修复画笔工具的相同点和不同点。

4．简述磁性套索工具和魔棒工具的不同之处。

5．简述色彩模式的含义。

附录 A 自测题参考答案

自 测 题 1

一、单项选择题

1～5　CABBB　　6～10　CAACA　　11～15　ADADC

16～20　AADBB　　21～25　DBCCD　　26～30　BCCBB

31～35　BBDCC　　36～40　DCDDD　　41～45　DABCB

46～47　CB

二、填空题

1. $1\ 024×1\ 024×8=2^{23}=8\ 388\ 608$

2. 电子管

3. 32　　　　72

4. 硬件系统　　　软件系统

5. 字节（Byte）

6. 只读存储器　　　随机存储器

7. 读盘

8. 地址

9. 键盘、鼠标、扫描仪、摄像头、麦克风　　　显示器、打印机、耳机音箱、绘图仪

10. 阴极射线管显示器　　　液晶显示器

11. 填图

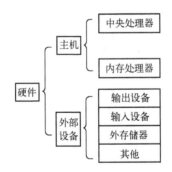

三、简答题

略。

自 测 题 2

一、单项选择题

1～5　BDCDD　　6～10　BBACB　　11～15　BADCD　　16～20　BBABB

21～25　BCBDD　　26～30　CCDBB　　31～35　CDCCA　　36～40　BDDDC

41～45　DACAD

二、填空题

1．NTFS

2．【F8】

3．窗口以全屏的方式显示，即最大化窗口

　　将最大化的窗口还原到原来的大小，即还原窗口

　　窗口在桌面上消失，而任务栏中仍有该窗口的图标，即最小化窗口

　　窗口在桌面上消失，而且任务栏中也没有该窗口的图标，即关闭窗口

4．文件

5．主文件名、文件扩展名、文件扩展名

6．文档库、图片库、音乐库、视频库

7．【Ctrl+C】组合键、【Ctrl+V】组合键、【Ctrl+Z】组合键、【Ctrl+Shift】组合键

8．开始→所有程序→附件→记事本

9．标准型计算器、科学型计算器、程序员计算器、统计信息计算器

10．Setup.exe

三、简答题

1．超大图标、大图标、中等图标、小图标、列表、详细信息、平铺、内容

2．方法一：选定文件后，右键弹出的快捷菜单中选"删除"选项

　　方法二：直接用鼠标将文件拖到回收站中

　　方法三：选定文件后，按键盘的【Delete】键。

3．右击任务栏的空白区域，然后在弹出的快捷菜单中单击"任务管理器"，打开"Windows 任务管理器"窗口。

在"任务管理器"窗口中，单击"应用程序"选项卡，用户可以看到系统中已经启动的应用程序及当前状态。在该窗口中，可以选定某个应用程序后，单击"结束任务"命令按钮结束该程序；也可以单击"切换至"命令按钮切换到其他应用程序；单击"新任务"命令按钮，打开"创建新任务"对话框，输入要运行的程序（如 notepad.exe），完成新应用程序的启动。

自 测 题 3

一、单项选择题

1～5	BBDBB	6～10	BBDDA	11～15	BABBC
16～20	DDDBC	21～25	ABDBD	26～30	BBCCA
31～35	BAACA	36～40	ABCCD	41～42	AD

二、填空题

1．32　　　　　　　　64

2．DNS

3．局域网　　　　　超文本传输协议

4．局域网　　　　　城域网　　　　　广域网

三、简答题

1. 所谓计算机网络是指将分布在不同地理位置上的、具有独立功能的多个计算机系统，通过通信设备和通信线路相互连接起来，在网络软件的支持下实现数据传输和资源共享的计算机群体系统。

计算机网络的功能主要体现在 5 个方面：资源共享、平衡负荷及分布处理、提高可靠性、信息快速传输与集中处理、综合信息服务。

2. Adsl、Isdn、Lan、Modem。

3. 网络蚂蚁、迅雷、网际快车。

4.

应用层
表示层
会话层
传输层
网络层
数据链路层
物理层

5. 计算机网络由通信子网和资源子网构成。通信子网负责计算机间的数据通信，也就是数据传输；资源子网是通过通信子网连接在一起的计算机，向网络用户提供共享的硬件、软件和信息资源。

6. Internet 是根据网络地址识别计算机的，此地址称为 IP 地址。它是由 32 位二进制数字组成，共占四个字节，每个字节之间用"."作为分隔符，十进制的数值范围是 0～255。

域名是对网络上的计算机赋予一个直观的唯一标识名（英文或中文）。

由于 IP 地址是由一串数字组成的，因此记住一组无任何特征的 IP 地址编码是非常困难的，为了易于维护和管理，Internet 上建立了域名系统。因此域名和 IP 地址是等价的，凡是可以使用域名的地方，都可以使用 IP 地址。

自 测 题 4

一、单项选择题

1～5　ABCBD　　　　6～10　BDCAA　　　　11～15　CDBAB　　　　16～19　ADCC

二、填空题

1. 文件管理模式，压缩文件管理模式

2.【Print Screen】

3. 覆叠轨、标题轨、声音轨

4. 医院信息管理系统（HIS）

5. SAS，SPSS

自 测 题 5

一、单项选择题

1～5	DBCDA	6～10	DABBC	11～15	ADBCD	16～20	CCDDC
21～25	AACCC	26～30	DBADB	31～35	DBDBA	36～40	ADCCB
41～45	ABADA

二、填空题

1. 插入 2.【Enter】 3. .txt 4. 另存为
5. 页面布局 6.【Shift】 7. 加粗 8. 页面视图
9. 页眉，页脚 10.【Ctrl+S】

三、简答题

1. 首先将光标定位在第二自然段处，三击，选中第三自然段，然后单击"开始"选项卡上"剪贴板"组中的"剪切"按钮。再将光标定位在第一段的开始位置，然后单击"开始"选项卡上"剪贴板"组中的"粘贴"按钮即可。

2. 单击"开始"选项卡上"编辑"组中的"替换"按钮，弹出"查找和替换"对话框。在"查找内容"文本框中输入"计算机"，在"替换为"文本框中输入"Computer"，单击"全部替换"按钮。

3. 相同点：文档在第一次保存时，选择"保存"和"另存为"命令都会弹出"另存为"对话框。

不同点：在文件的第二次或第二次以后保存时，选择"保存"命令，文档将在原位置以原文件名保存；而选择"另存为"命令则会再次弹出"另存为"对话框，在"另存为"对话框中可选择不同的保存路径、保存类型和文件名。

自 测 题 6

一、单项选择题

1～5	DDBCB	6～10	ADCBD	11～15	BCBAB	16～20	BCBDA
21～25	DABCA	26～30	BDBCC	31～35	DADBC	36～40	DBACC
41～45	CDAAB	46～49	ACAD

二、填空题

1. 黑色填充柄 2. 右对齐 3. # 4. 取消，输入，插入函数
5. 左 6. =Sheet4!B6 7. E2 8. 英文的逗号
9. =SUM(D2:D4)，=SUM(C4:C6)，=SUM(D3:D5) 10. 活动
11. 相对引用，绝对引用 12. 11 13. 运算数，运算符
14. 666，301

三、简答题

1. 单元格、工作表、工作簿是 Excel 的三要素。单元格是工作表的基本元素，一张工作表包含 256×65536 个单元格。工作表是 Excel 完成一个完整作业的基本单位。一个工作

簿最多可以包含 255 张工作表。Excel 是以工作簿为单位处理和存储数据的。工作簿是 Excel 存储在磁盘上的最小独立单位。

2．相对地址引用：把一个含有单元格地址引用的公式复制到一个新的位置或用一个公式填入一个选定范围时，公式中的单元格地址会根据情况而改变。绝对地址引用：把一个含有单元格地址引用的公式复制到一个新的位置或用一个公式填入一个选定范围时，公式中的单元格地址保持不变。

混合地址引用：在一个单元格地址中，既有相对地址引用，又有绝对地址引用。

3．将 Sheet3 工作表中 C2 单元格中的数据、Sheet4 工作表中 C8 单元格中数据、成绩单工作表中 C2 单元格相加求和。

4．先选中第一个区域，按住【Ctrl】键不要放开，再用鼠标左键依次选中要选择的区域。

5．清除单元格就是将单元格中的格式、批注或内容等进行删除，单元格本身还在工作表中；删除是将单元格从工作表中抠掉，他附近的单元格位置要进行相应的变化。

自 测 题 7

一、单项选择题

1～5 CDADC 6～10 CCDCC 11～15 DDDCD 16～20 BBDDD 21～22 BC

二、填空题

1．幻灯片　　　2．大纲　占位符

三、简答题

四种基本视图分别是"普通视图""幻灯片浏览""阅读视图"和"幻灯片放映"。

普通视图可以建立或编辑幻灯片，对每张幻灯片可输入文字，插入剪贴画、图表、艺术字等对象，并对其进行编辑和格式化。能查看整张幻灯片，也可改变其显示比例并做局部放大，便于细部修改，但一次只能操作一张幻灯片。

幻灯片浏览视图可同时显示多张幻灯片，所有的幻灯片被缩小，并按顺序排列在窗口中，以便查看整个演示文稿，同时可对幻灯片进行添加、移动、复制、删除等操作。

阅读视图是在保留 Windows 窗口底部任务栏环境下，一种最大窗口显示的动态视图模式。

幻灯片放映视图按顺序全屏幕显示每张幻灯片。单击鼠标左键或按回车键显示下一张幻灯片。也可以用键盘方向键控制显示各张幻灯片。

自 测 题 8

一、单项选择题

1～5 BCDDA 6～10 CDBAB 11～15 CDCAA 16～20 BBCCD
21～25 CDACB 26～30 BCDCD 31～35 ACCDD

二、填空题

1．橡皮擦工具，背景橡皮擦工具，魔术橡皮擦工具

2．移动，裁剪

3．变换，【Ctrl+T】

4．PSD

5．青色，洋红，黄色，黑色

6．套索工具，多边形套索工具，磁性套索工具

7．高

8．【Shift】

9．矩形选框工具，椭圆选框工具，单行选框工具，单列选框工具

10．白色，背景色，透明色

11．钢笔

12．黑色，白色

13．红通道，绿通道，蓝通道

14．撤销上一步操作

15．整个图像

三、简答题

1．在图像处理过程中，选区起到控制操作范围的作用。利用选区可以按照不同的形式来选定图像的局部区域，并进行调整或效果处理，同时还可以保证选区以外的部分不会受到影响。

2．矢量图文件的大小与图像大小无关，只与图像的复杂程度有关，因此简单的图像所占的存储空间小；矢量图像可任意缩放，并且不会产生锯齿或模糊效果；在任何输出设备及打印机上，矢量图都能以打印机或印刷机的最高分辨率进行打印输出。位图图像的大小与图像的分辨率及尺寸有关，图像较大其所占用的存储空间也较大，当图像分辨率较小时其图像输出的品质较低，位图缩放时可能会产生锯齿或模糊效果，Photoshop 生成的图像一般都是位图图像。

3．相同点：都是按住【Alt】键不放进行取样后使用。不同点：仿制图章工具是将取样点的内容完全复制到要修复的目标区域，不做任何改变。而修复画笔工具是将取样点的内容与要修复的目标区域的内容进行融合处理，并不是完全复制。

4．磁性套索工具适合选取边缘与周围颜色差别比较大的区域，区域内部颜色复杂与否无关紧要，而魔棒工具适合选取图像中颜色相同或相似的区域，区域内部颜色如果差别大则不能选取。

5．色彩模式是指同一属性下不同颜色的集合。它使用户在使用各种颜色进行显示、印刷、打印时，不必重新调配颜色而直接进行转换和应用。计算机软件系统为用户提供的色彩模式主要有 RGB 颜色、CMYK 颜色、Lab 颜色模式和 Bitmap（位图）模式、Grayscale（灰度）模式、Index（索引）模式等。每一种颜色都有自己的使用范围和优缺点，并且各模式之间可以根据处理图像的需要进行模式转换。

附录B 实用网址

	百度	
中文搜索引擎	搜	
	好搜	
	（必应）	
	搜搜	
部门官网	中华人 共和 生和计划生育 员会	
	食品 品 管理局	
	中华医学会	
	中华护理学会	
医学信息	医学网	
	中 护 网	
	护理网	
	园	
	中 医 信息网	
	好医生网	
	验在线	
	验医学信息	
	中 数字 物标本	
	网	
医学教育	医学教育	
	新 方教育在线	
	医学教育网	
	中 大学生网	
	好医生	
	医学考研网	
资格考试	中 生人才网	
	医学考试网	
	人事考试网	
	生人才网	
	医学考试中心	
全文数据库	中 网（ ）	
	中文科技期 全文数据库（维普）	
	万方数据 识平台	
	美 医学会电子期	
	健康科学和护理学库	
	费医学期 网	
文献数据库	中 生物医学文献数据库	
	中 中医 数据库 索系统	
	（ 引文数据库）	

148

附录 C Excel 常见错误信息及处理方法

错 误	常 见 原 因	处 理 方 法
!	这是因为单元格中的内容过长，单元格容 不下而引起的代码； 或者由于单元格所含的数字、日期或时间比单元格 宽，或者单元格的日期时间公式产生了一个负值	拖动列表之间的宽度来修改列宽
	在公式中有除数为 ，或者有除数为空白的单元格 把空白单元格也当作	把除数改为非 的数值，或者用 函 数进行控制
	在公式使用查找功能的函数 、 、 等时，找不到匹配的值	查被查找的值，使之的确存在于查 找的数据表中的第一列
	在公式中使用了 无法识别的文本，例如函数 的名称拼写错误，使用了没有被定义的区域或单元格 名称，引用文本时没有加引号等	根据具体的公式， 步分析出现该错 误的可能，并加以改正
	当公式需要数字型参数时， 给了它一个非数字型 参数；给了公式一个无效的参数；公式 回的值 大 或者 小	根据公式的具体情况， 一分析可能 的原因并修正
	输入一个数组公式时， 记按【 】 组合键	更正相关的数据类型或参数类型； 提供正确的参数； 输入数组公式时，记得使用【 】组合键确定
	公式中使用了无效的单元格引用。通常如下这些操 作会 公式引用无效的单元格：删除了被公式引用 的单元格；把公式复制到含有引用自身的单元格中	引用无效的操作，如果已经 出现错误，先撤销，然后用正确的方法 操作
	使用了不正确的区域运算符，或引用的单元格区域 的交集为空	改正区域运算符使之正确；更改引用 使之相交

附录 D Photoshop 常用快捷键

操　作	快　捷　键	作　用
文件操作	【　】	新建一个图像文件
	【　】	打开图像文件
	【　】	关闭当前图像文件
	【　】	保存图像文件
	【　　　】	用另存为方式保存图像
编辑操作	【　】	撤销和　复上一次的编辑操作
	【　】	剪切图像
	【　】	复制图像
	【　】或【　】	粘贴图像
	【　】	自由变换
图像调整	【　】	调整图像色阶
	【　】	调整图像曲线
	【　】	将图像颜色反色
	【　　　】	调整图像自动色调
	【　　　　】	调整图像自动对比度
	【　　　】	调整图像自动颜色
	【　】	调整图像色相 饱和度
	【　　　】	调整图像大小
	【　　　】	调整画布大小
图层操作	【　　　】	合并复制所有层中的图像内容
	【　　　】	创建剪贴蒙版
	【　】	合并图层
	【　　　】	合并可见图层
视图和窗口设置	【　】	显示 隐藏工具箱和调板
	【　　】	显示 隐藏调板
	【　】	成倍地缩小显示比例
	【　】	成倍地放大显示比例
	【　】	按屏幕大小缩放显示图像
	【　】	按实际像素显示图像
选区、填充和路径	【　】	全选整个图像
	【　】	取消选区
	【　　　】	重新进行选区选择
	【　　　】	将选区反向选择
	【　】	填充前景色
	【　】	填充背景色
	【　　　】	显示 隐藏路径

150